VEX IQ 机器人编程

实例教学

传感器与VEXCode VR软件

王雪雁　朱阁　邱景红　主编

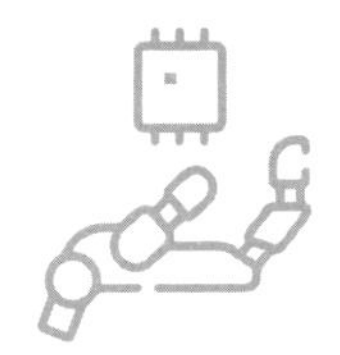

化学工业出版社

·北京·

内 容 简 介

《VEX IQ机器人编程：传感器与VEXCode VR软件（实例教学）》系统地讲解了VEX IQ机器人编程的方法和步骤，首先阐述了各种传感器的相应功能和使用方法，然后通过20个实例让读者能够实际参与到编程中，掌握如何使用VEX IQ套件搭建机器人，最后通过解读VEXCode VR软件，结合大量实例，让读者理解编程中所运用的相关数据结构和传感器，帮助读者打牢基础，开阔思路，激发潜能。

本书适合学习VEX IQ机器人的学生阅读，也可作为学校以及培训机构教授机器人的教材，还可作为学生参加机器人比赛时的参考用书。

图书在版编目（CIP）数据

VEX IQ机器人编程：传感器与VEXCode VR软件：实例教学 / 王雪雁，朱阁，邱景红主编. —北京：化学工业出版社，2023.7

ISBN 978-7-122-43311-4

Ⅰ. ①V… Ⅱ. ①王… ②朱… ③邱… Ⅲ. ①机器人－程序设计 Ⅳ. ①TP242

中国国家版本馆 CIP 数据核字（2023）第 069044 号

责任编辑：雷桐辉　王　烨　　文字编辑：温潇潇
责任校对：边　涛　　装帧设计：水长流文化

出版发行：化学工业出版社（北京市东城区青年湖南街 13 号　邮政编码 100011）
印　　装：北京缤索印刷有限公司
787mm×1092mm　1/16　印张 7¾　字数 124 千字　2023 年 8 月北京第 1 版第 1 次印刷

购书咨询：010-64518888　　售后服务：010-64518899
网　　址：http://www.cip.com.cn
凡购买本书，如有缺损质量问题，本社销售中心负责调换。

定　　价：59.80 元

编写人员

主编：

王雪雁　朱　阁　邱景红

参编人员（按拼音顺序）：

安绍辉　刁文水　韩学武　贾远朝　金　文　李会然

李丽姝　李　锐　吕学敏　马　郑　彭玉兵　任　辉

任哲学　史　远　苏　岩　田迎春　王科社　王玥茗

肖　明　殷　玥　张海涛　张　舰　张　志

前言

VEX IQ是一个综合的教育机器人系统，它集科学、技术、工程和数学知识于一身，为学生提供丰富多彩的机器人世界，特别是中小学阶段，需要一个具备综合性学习规划、创造性教学方式和项目管理式教学方法的平台，而VEX IQ则恰好符合这样的要求。

本书系统介绍了VEX IQ的各种传感器的功能和使用方法，提供了20个实例，包括详细的搭建步骤和编程，并介绍了VEXCode VR软件和编程方法。

VEX IQ提供了5种传感器，包括触碰传感器、触屏传感器、超声波传感器、陀螺仪传感器和颜色传感器。本书结合实例让读者学习各种传感器的编程方法，掌握如何使用VEX IQ套件搭建智能机器人。通过学习，掌握搭建技巧，开阔思路，锻炼读者的动手能力和逻辑思维能力，为将来从事机器人相关工作奠定基础。

本书提供了丰富的搭建实例，通过这些搭建实例的构建、编程、运行，激发读者学习兴趣，并通过艺术与科学、工程与表演、技术与数学的完美结合，打破科学与艺术的界限，让读者有机结合科学的理性和艺术的感性，启发新的思维方法，促使读者从新的角度看待世界，使读者的脑洞大开，实现创新思维的飞跃，提高读者的观察能力、联想能力、想象能力、逆向思维能力。通过这些搭建实例，还能让读者认识到科学技术是不断发展的，乐于接受新事物，关心与科学有关的社会问题；喜欢用学到的科学知识解决生活中的问题，改善生活；理解将要完成的项目的应用价值，激发参与热情；领悟其应用场合，激发改进热情。坚韧的意志和求实的精神也会得到升华。

编者

目录

第1章 认识VEX IQ传感器

1.1 触碰传感器 002
1.2 触屏传感器 003
1.3 超声波传感器 003
1.4 陀螺仪传感器 004
1.5 颜色传感器 005

第2章 实例教学

2.1 抽奖机 007
2.2 电动轮椅 009
2.3 眼镜蛇 012
2.4 雨刮器 014
2.5 彩球分拣机器人 017
2.6 自动指南车 020
2.7 自动感应门 023
2.8 压路机 026
2.9 叉车 029
2.10 自动手枪 032
2.11 保卫家园 035
2.12 滚筒洗衣机 038
2.13 雷达车 043
2.14 坦克 047
2.15 智能存钱罐 050
2.16 机关炮 054
2.17 检票口 057
2.18 直升机 061
2.19 螺旋桨飞机 065
2.20 小球过山车 070

第3章 VEXCode VR软件

3.1 VEXCode VR编程环境介绍 076
3.2 顺序结构 079
3.3 循环结构 079
3.4 分支结构 082
3.5 变量 085
3.6 一维数组 087
3.7 二维数组 089
3.8 逻辑运算与、或、非 092
3.9 自定义指令块 094
3.10 计时器 097
3.11 触碰传感器 098
3.12 陀螺仪传感器 100
3.13 位置传感器 102
3.14 超声波传感器 105
3.15 辨色仪传感器 107
3.16 画笔 111
3.17 磁铁指令块 113
3.18 游戏 115

第 1 章

认识VEX IQ传感器

VEX IQ机器人传感器包括触碰传感器、触屏传感器（TouchLED）、陀螺仪传感器、超声波传感器（距离传感器）和颜色传感器五种。传感器实验台如图1-1所示，电机和传感器设置如图1-2所示。

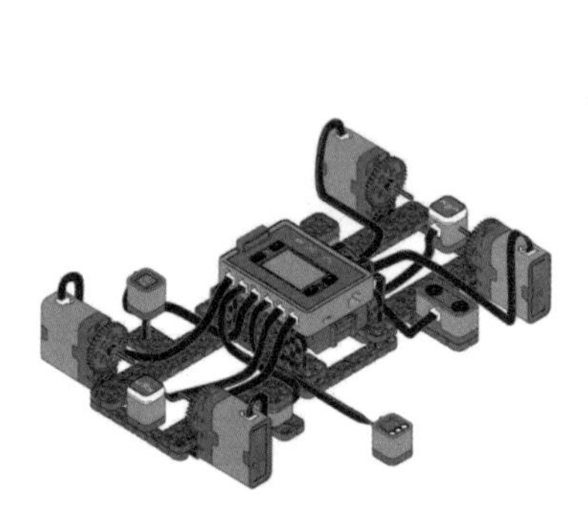

图1-1　传感器实验台

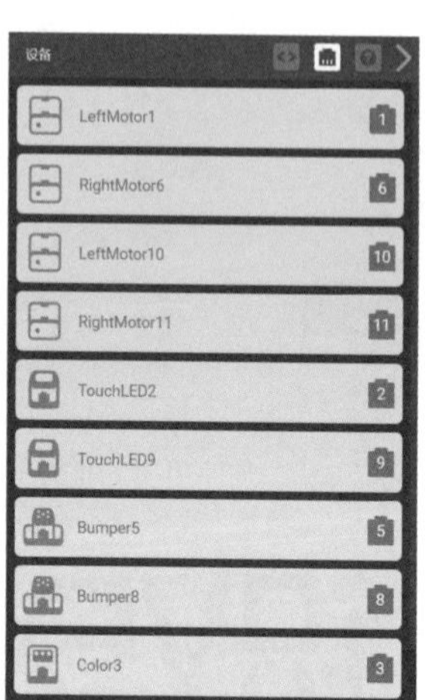

图1-2　电机和传感器设置

首先搭建如图1-1所示的实验台，将VEX IQ 5种不同的传感器都安装在实验台上，我们开始认识每一种传感器。

1.1 触碰传感器

如图1-3所示的触碰传感器让你的机器人具有触觉。触碰传感器可以检测到轻微的触碰，还能用来检测围墙或限制机器的运动范围。

实例1 电机运动直到触碰传感器被按下才停止。参考程序如图1-4所示。

图1-3　触碰传感器

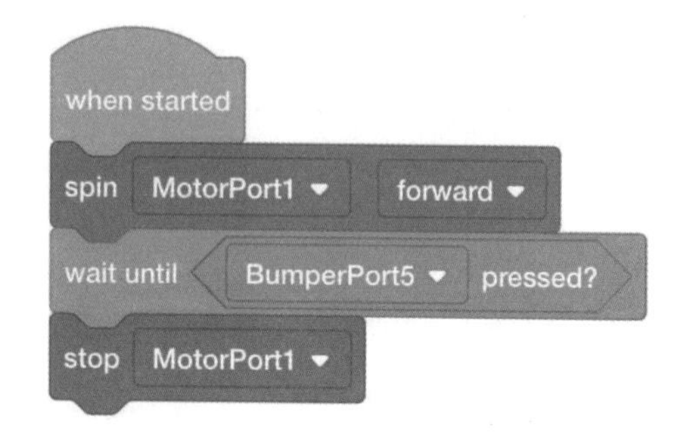

图1-4　触碰传感器参考程序

1.2 触屏传感器

触屏传感器（TouchLED）可以检测电容式触碰，例如手指的触碰。它可以显示很多种颜色。如图1-5所示的TouchLED具有如下功能：

① TouchLED用于输出色彩和输入触控，有16位色，通过触摸可以改变机器人的工作方式，改变LED的颜色，甚至可以显示当前颜色传感器检测到的颜色。

② TouchLED有内置处理器驱动智慧型感应器，以及红、绿、蓝三色LED指示灯。

③ TouchLED还有开关或按照需求使LED闪烁的功能。其中触摸式LED也可用于人机之间的交互，设置颜色名称、色调、RGB值，触摸输入可实现控制、报警等。

实例2 TouchLED显示绿色，按下TouchLED，显示红色。参考程序如图1-6所示。

图1-5 TouchLED

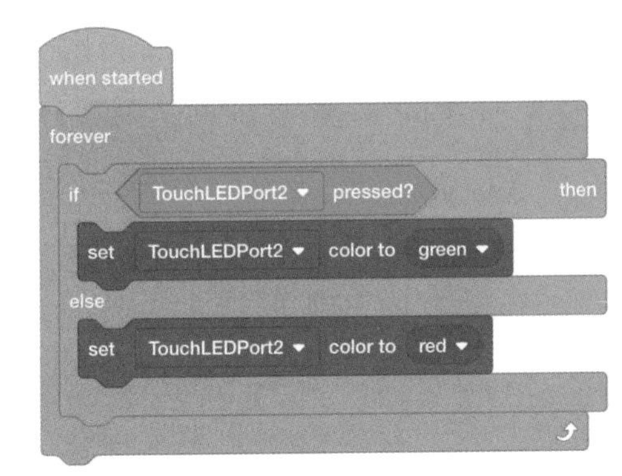

图1-6 TouchLED参考程序

1.3 超声波传感器

如图1-7所示的超声波传感器有一个发射器和一个接收器，发射器发出微小的超声波脉冲，超声波脉冲碰到物体后反射回接收器。超声波传感器根据脉冲往返所用的时间来计算距离。超声波传感器可以测量的距离范围为50～1000mm。

实例3 机器人距离墙壁200mm停止。参考程序如图1-8所示。

图1-7　超声波传感器

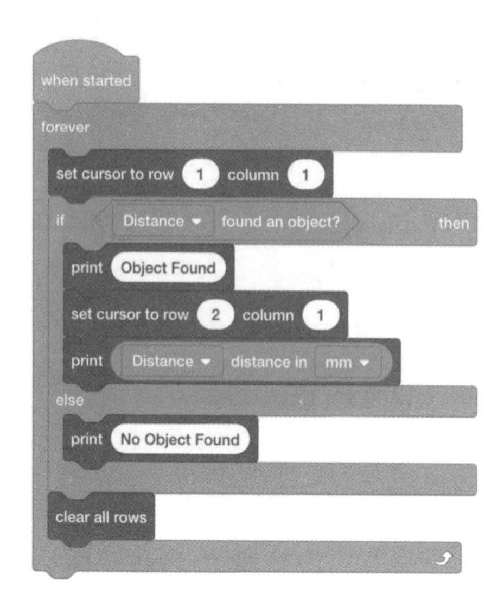

图1-8　超声波传感器参考程序

1.4 陀螺仪传感器

如图1-9所示的陀螺仪传感器通过跟踪机器人转动的速度和方向来确定机器人面向的方向。

陀螺仪传感器顶部弧形箭头Z表示测量角度的正方向。当转动方向与弧形箭头一致时，返回数值为正，反之为负。如果陀螺仪传感器水平安装在机器人上，它只检测水平方向的左右转动角度，如果垂直安装在机器人上，它只检测垂直方向的上下摆动的角度，例如上坡和下坡的角度。

图1-9　陀螺仪传感器

实例4　机器人直行200mm，右转90°，继续直行200mm后停止。参考程序如图1-10所示。

```
when started
calibrate Gyro for 2 seconds
set Gyro heading to 0 degrees
forever
    print Gyro heading in degrees
    set cursor to row 1 column 1
    wait 0.1 seconds
    clear all rows
```

图1-10　陀螺仪传感器参考程序

1.5 颜色传感器

如图1-11所示的颜色传感器用于检测物体的颜色，能测量基本的颜色、色调，有独立的红绿蓝等256色，并可测量环境光、灰度值。

图1-11 颜色传感器

实例5 机器人检测颜色，并显示颜色名称。参考程序如图1-12所示。

实例6 机器人沿着黑线走。参考程序如图1-13所示。

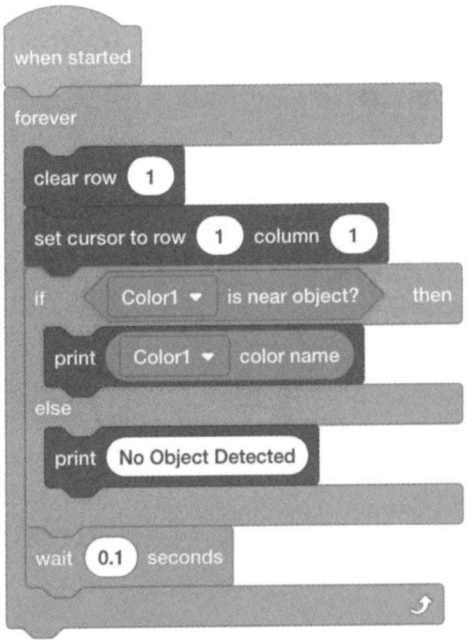

```
when started
forever
    clear row (1)
    set cursor to row (1) column (1)
    if < Color1 ▾ is near object? > then
        print ( Color1 ▾ color name )
    else
        print ( No Object Detected )
    wait (0.1) seconds
```

图1-12 颜色传感器参考程序1

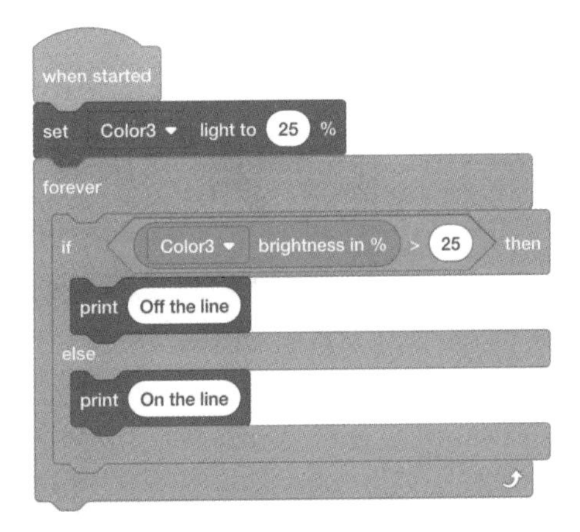

图1-13 颜色传感器参考程序2

第2章

实例教学

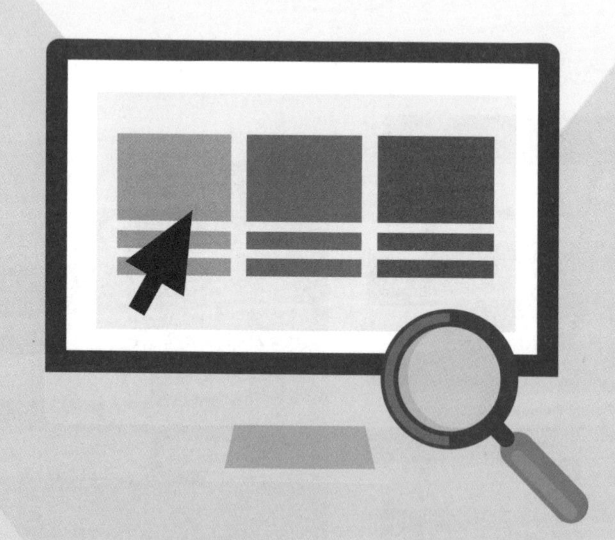

2.1 抽奖机

你抽过奖吗？有一种抽奖转盘，大体上是一块圆形的面板，上面有很多的奖项设置，在圆形面板的前面，还有一根固定的指针。通过转动圆形面板指针随机停留在某个获奖区域，从而获得不同的奖项，如图2-1所示。

让我们搭建一个如图2-2所示的抽奖机吧！

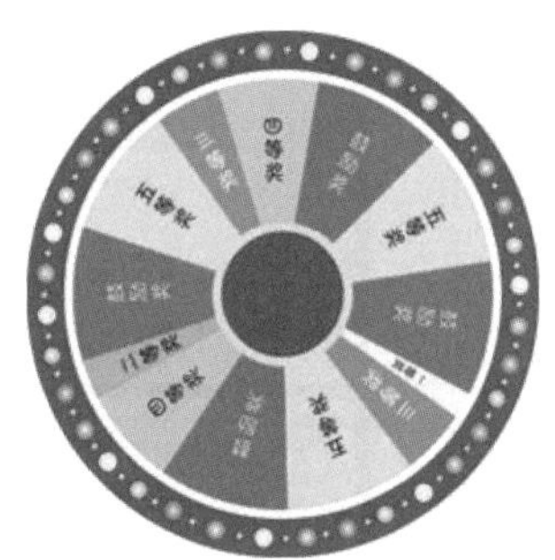

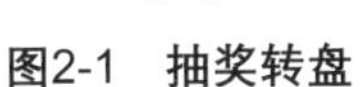

图2-1 抽奖转盘　　图2-2 抽奖机

（1）模型搭建

抽奖机主要由驱动电机和抽奖盘组成。

① 驱动电机　采用电机直接驱动指针，如图2-3所示。

② 抽奖盘　采用12 × 12的方板、单孔梁和直角弯梁搭建而成，指针由电机带动旋转，如图2-4所示。

③ 完成图　将抽奖盘固定在底座上，再在底座上安装上控制器，如图2-5所示。

图2-3 电机驱动

图2-4 抽奖盘

图2-5 完成图

（2）知识点

① 触屏传感器　具有内部处理器，可以显示多种颜色，还可用作学生与机

器人交互的触摸开关，如图1-5所示。

② 计时器　内置计时器，用于控制时间如图2-6所示。

图2-6　内置计时器

a. 重置计时器。主控制器计时器在每个程序开始时计时。重置计时器指令块用于重置计时器返回0秒。

b. 计时器秒数。在程序开始时，计时器从0秒开始计时并报告小数值。计时器秒数指令块可用在圆形空白指令块中。

（3）任务

① 添加设备　如图2-7所示，添加电机和传感器：端口1–电机Motor1；端口2–触屏传感器TouchLEDOn；端口3–触屏传感器TouchLEDTime。

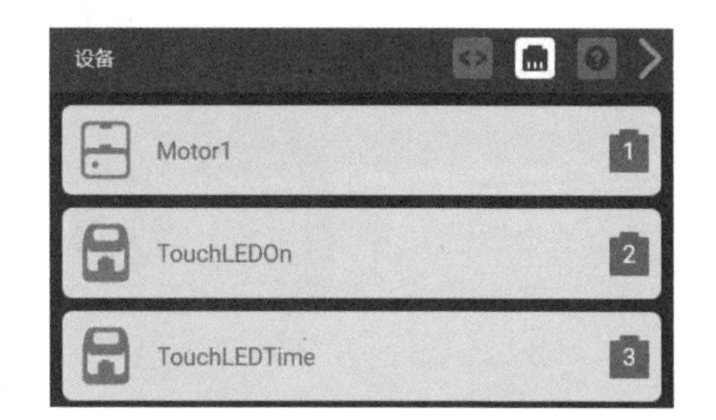

图2-7　添加电机与传感器

② 任务一　按下TouchLEDOn，抽奖盘以100的速度开始旋转，然后越来越慢，持续5秒后停止。参考程序如图2-8所示。

③ 任务二　按下TouchLEDOn，抽奖盘以100的速度开始旋转，如果按下TouchLEDTime，计时器重置，再按下TouchLEDOn，计时结束，并在屏幕上显示时间5秒。参考程序如图2-9所示。

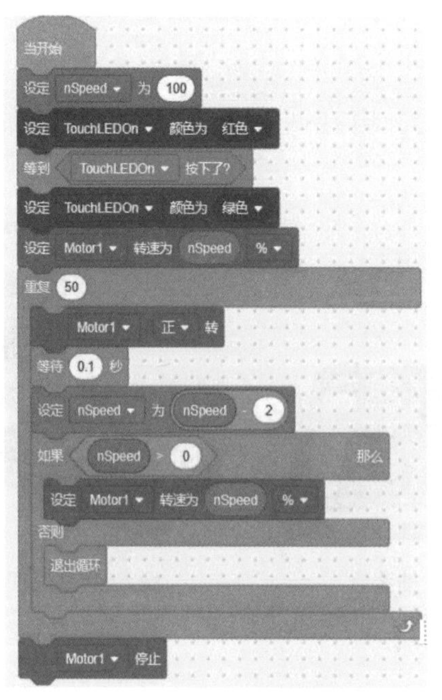

图2-8　任务一参考程序

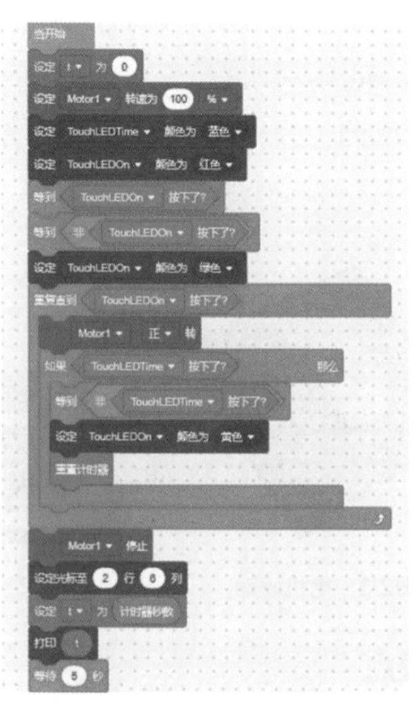

图2-9　任务二参考程序

④ 任务三　按下TouchLEDOn，抽奖盘以100的速度开始旋转，如果按下TouchLEDTime，计时器重置，再按下TouchLEDOn，计时结束，并在屏幕上显示时间t。转盘再转动t秒停止转动，指针停留位置为获奖位置。参考程序如图2-10所示。

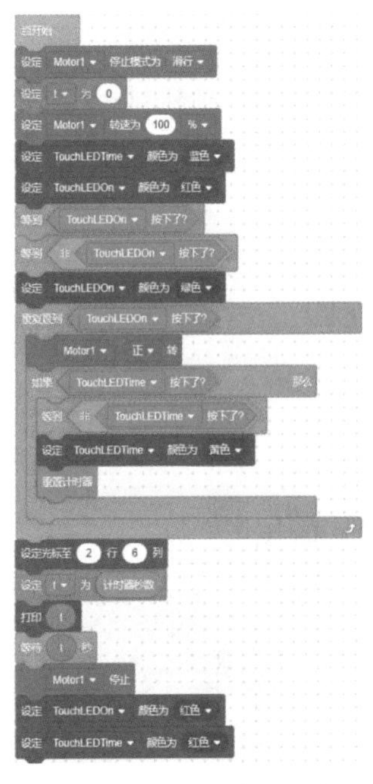

图2-10　任务三参考程序

(4) 想一想

① 观察一下，TouchLED都能显示哪些颜色？

② 抽奖机搭建中还有哪些问题？如何改进？

③ 如果按下TouchLEDTime，开始计时，抽奖盘开始转动，再按下TouchLEDTime计时结束，并显示时间T，抽奖盘转动T秒后停止，编程试一试？

2.2 电动轮椅

电动轮椅是在传统手动轮椅的基础上，叠加高性能动力驱动装置、智能操纵装置、电池等部件，改造升级而成的，如图2-11所示。

电动轮椅具备人工操纵智能控制器，能驱动轮椅完成前进、后退、转向、站立、平躺等多种动作的新一代智能化轮椅，是现代精密机械、智能数控、工程力学等领域相结合的高新科技产品。

让我们搭建一个如图2-12所示的电动轮椅吧！

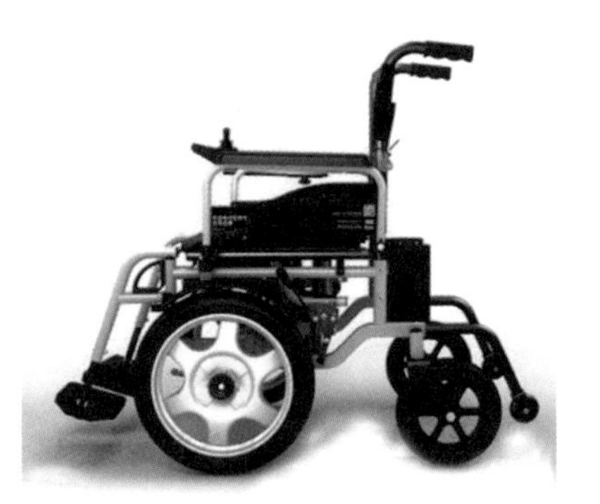
图2-11　电动轮椅

图2-12　电动轮椅模型

（1）模型搭建

电动轮椅主要由驱动电机、扶手和靠背组成。

① 驱动电机　采用电机直接驱动车轮，如图2-13所示。

② 扶手　直接在车轮侧板上搭建扶手，如图2-14所示。

③ 靠背　用双格板搭建而成，如图2-15所示。

④ 完成图　将两个车轮、扶手、前轮和靠背装配在一起，再在中间安装控制器，如图2-12所示。

图2-13　驱动电机搭建

图2-14　轮椅扶手搭建

图2-15　轮椅靠背

（2）知识点

① 电机安装　如图2-16所示，将电机轴安装在电机上，将宽板固定在电机上，这样电机轴的法兰可以防止电机轴脱出电机。

② 控制器安装　控制器安装要求拔插电池方便，数据线端口最好裸露在外，易拔插线。此外，主控制器安装要牢固，如图2-17所示为电动轮椅主控制器的安装位置。

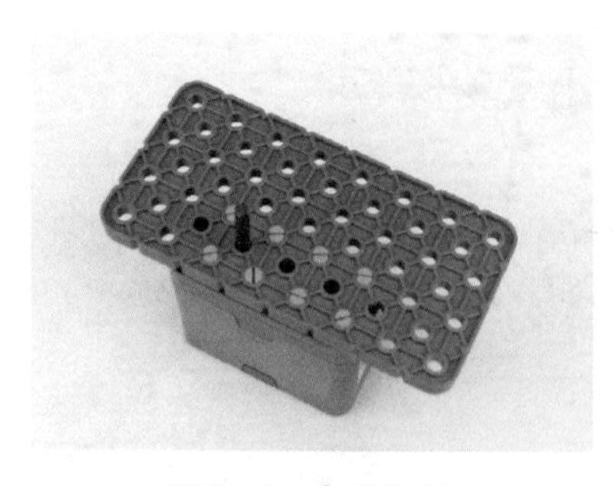

图2-16　电机安装

图2-17　控制器的安装

（3）任务

① 添加设备　如图2-18所示，添加电机和传感器：端口1-leftMotor；端口6-rightMotor；端口5-TouchLEDOn；端口11-TouchLEDOff。

② 任务一　按下TouchLEDOn，轮椅前进，按下TouchLEDOff，轮椅停止。参考程序如图2-19所示。

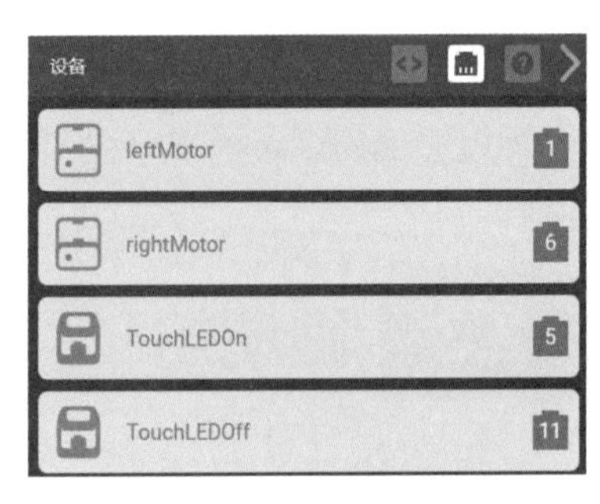

图2-18　添加电机和传感器

③ 任务二　按下TouchLEDOn，轮椅左转；按下TouchLEDOff，轮椅右转；同时按下TouchLEDOn和TouchLEDOff，轮椅前进；都未按下，则停止。参考程序如图2-20所示。

④ 任务三　按下TouchLEDOn，轮椅以50（即50%，本书统一作此种描述）的速度前进，如果按下TouchLEDOff，轮椅以20的速度后退。如果同时按下，则轮椅左转，都未按下，轮椅停止。参考程序如图2-21所示。

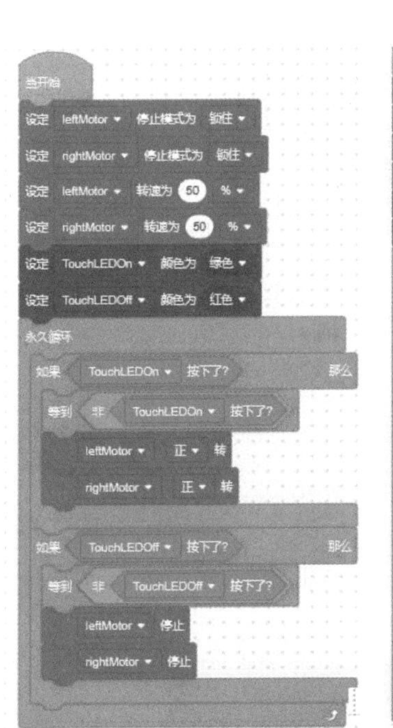

图2-19　任务一参考程序

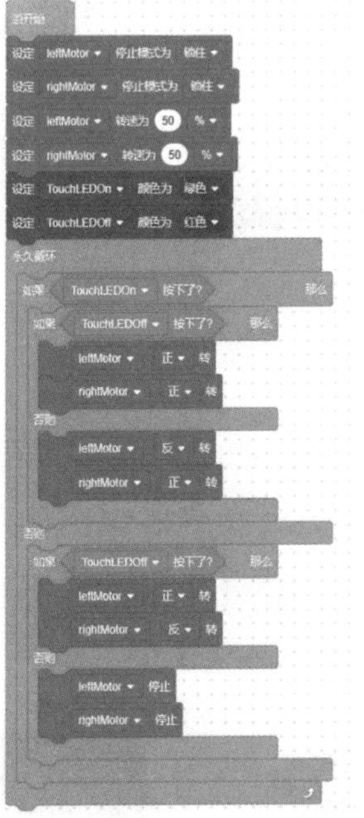

图2-20　任务二参考程序

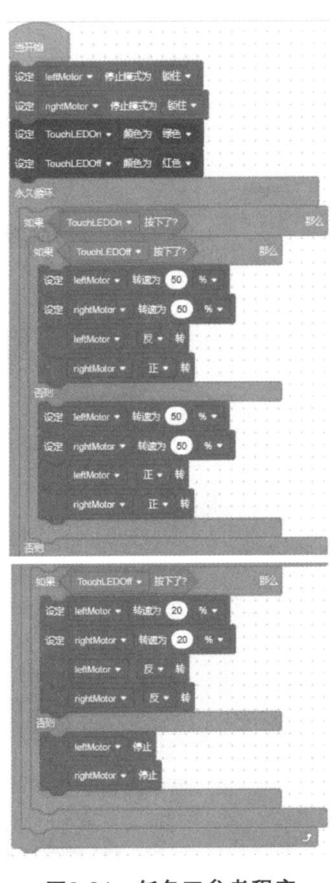

图2-21　任务三参考程序

（4）想一想

① 测一测，电机转动10圈，轮椅前进多少距离？

② 轮椅搭建中还有哪些问题？如何改进？

③ 按下TouchLEDOn，轮椅前进1000毫米，再按下TouchLEDOff，轮椅转动90度，编程试一试。

2.3 眼镜蛇

眼镜蛇，头椭圆形，颈部背面有白色眼镜架状斑纹，体背为黑褐色，有十多个黄白色横斑，体长可达2米。具有冬眠行为。以鱼、蛙、鼠、鸟及鸟卵等为食。眼镜蛇被激怒时，会将身体前段竖起，颈部两侧膨胀，此时背部的眼镜架状斑纹愈加明显，同时发出“呼呼”声，借以恐吓敌人，如图2-22所示。

让我们搭建一个如图2-23所示的眼镜蛇吧！

图2-22　眼镜蛇

图2-23　眼镜蛇模型

（1）模型搭建

眼镜蛇主要由蛇身、底座、驱动电机和蛇尾组成。

① 蛇身　由单孔梁和90度倒角弯梁搭建，如图2-24所示。

② 底座　用12 × 12的方板和6 × 12的宽板搭建，如图2-25所示。

图2-24　蛇身搭建

图2-25　底座

③ 驱动电机　给蛇身安装驱动电机，使其可以伸长和缩回，如图2-26所示。

④ 蛇尾　用30度弯梁搭建尾巴，其上固定一个电机，如图2-27所示。

⑤ 完成图　将蛇身、蛇尾和主控制器均固定在底座上，再安装超声波传感器，如图2-23所示。

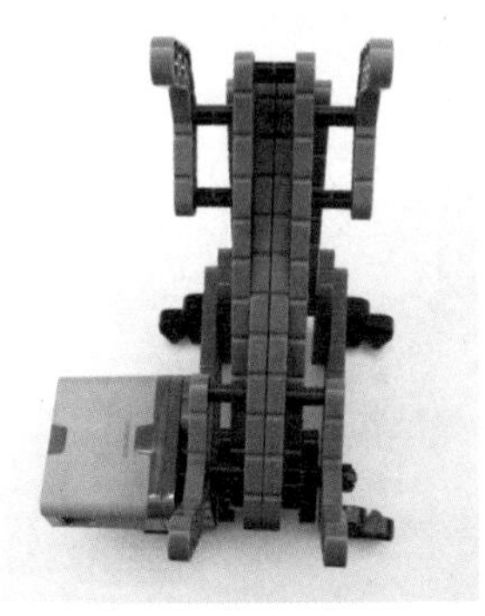

图2-26　驱动电机

图2-27　蛇尾搭建

（2）知识点

超声波传感器检测范围为24～1000mm（毫米）或1～40in（英寸）。

（3）任务

① 添加设备　如图2-28所示，添加电机与传感器：端口1–电机HeadMotor；端口9–电机tailMotor；端口6–超声波传感器Distance6；端口7–触屏传感器TouchLEDOn。

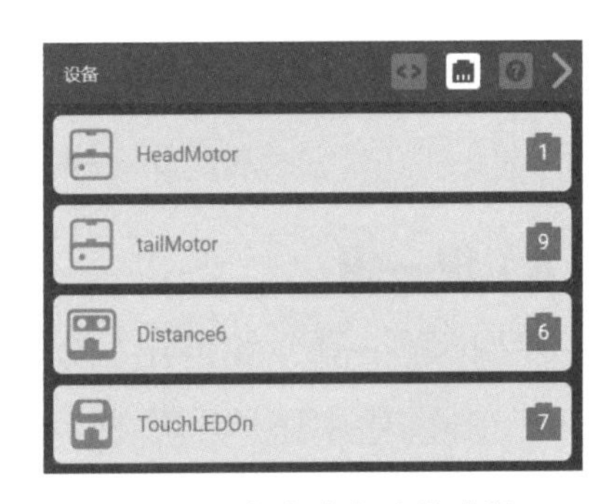

图2-28　添加电机和传感器

② 任务一　按下TouchLEDOn，蛇头伸出，然后缩回。参考程序如图2-29所示。

③ 任务二　按下TouchLEDOn，当手距离超声波传感器50mm时，蛇头伸出后又缩回。参考程序如图2-30所示。

④ 任务三　按下TouchLEDOn，蛇尾巴不停地摆动，当手距离超声波传感器50mm时，蛇头伸出后又缩回。参考程序如图2-31所示。

图2-29　任务一参考程序

图2-30　任务二参考程序

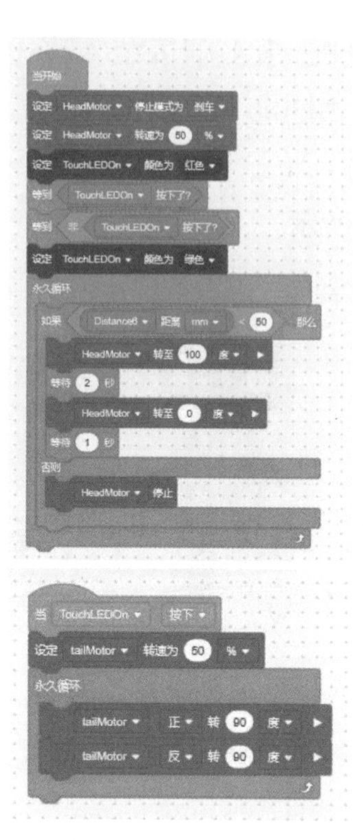

图2-31　任务三参考程序

（4）想一想

① 测一测，蛇伸出的最大角度是多少？

② 搭建中还遇到哪些问题？如何改进？

③ 按下TouchLEDOn，蛇尾巴摇动，当手距离蛇头60mm时，蛇头伸出，尾巴摇动，再按下TouchLEDOn，蛇头缩回，尾巴停止摆动。如何编程？

2.4 雨刮器

雨刮器用于汽车前窗玻璃上刮掉雨水。目前一般使用的是电动雨刮器。电动雨刮器是用电动机驱动的，雨刮器的左右刮水刷片被雨刮器臂压靠在前窗玻璃外表面上，电机驱动减速机构旋转，并通过驱动杆系统做往复运动，带动雨刮器臂和刮水刷片左右摆动，刮刷前窗玻璃。汽车雨刮器如图2-32所示。

让我们搭建一个如图2-33所示的雨刮器吧！

图2-32 汽车雨刮器

图2-33 雨刮器模型

（1）模型搭建

雨刮器主要由驱动电机、窗框、刮水机构、底座组成。

① 驱动电机 由电机带动60齿的齿轮，如图2-34所示。

② 窗框 用单孔梁和双格板搭建而成，如图2-35所示。

③ 刮水机构 用单孔梁搭建而成，如图2-36所示。

④ 底座 由4×12的宽板、双格板搭建而成，如图2-37所示。

⑤ 完成图 驱动电机、窗框和刮水机构固定在底座上，再将主控制器和触碰传感器安装在底座上。完成图如图2-33所示。

图2-34 电机驱动搭建

图2-35 窗框搭建

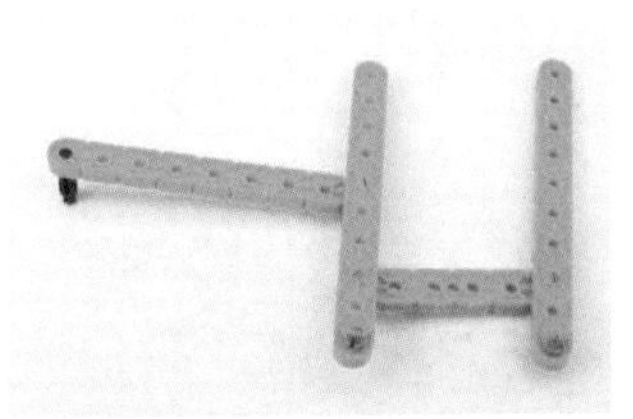

图2-36 刮水机构

图2-37 模型底座搭建

（2）知识点

① 刮水机构　由电机带动60齿的齿轮作为曲柄，通过连杆带动摇杆来回摆动，2根摇杆（刮水杆）与一根连杆组成一个平行四边形机构，增大刮水面积，如图2-38所示。

② 触碰传感器　作为开关使用。按下，雨刮器开始工作，再按下，雨刮器停止。

图2-38　刮水机构及其驱动

（3）任务

① 添加设备　如图2-39所示，添加电机和传感器：端口1–电机Motor1；端口2–触碰传感器Bumper2。

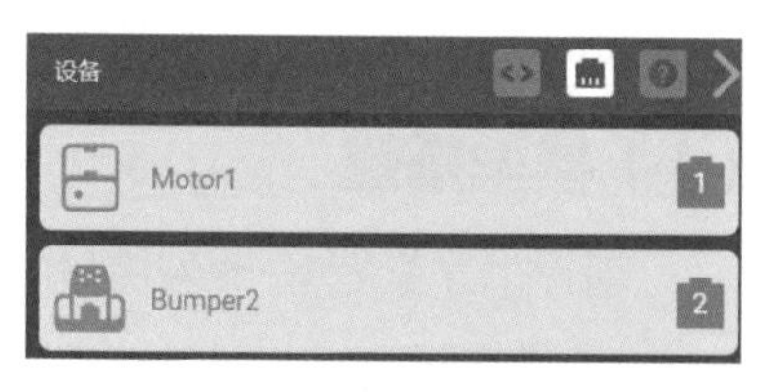

图2-39　添加电机和传感器

② 任务一　按下Bumper2，雨刮器开始工作，10秒后停止。参考程序如图2-40所示。

③ 任务二　按下Bumper2，雨刮器开始工作，再按下Bumper2，雨刮器停止。参考程序如图2-41所示。

④ 任务三　按下Bumper2，雨刮器在10秒内，速度从0加速到100，再按下Bumper2，雨刮器在10秒内速度从100减速到0后停止。参考程序如图2-42所示。

图2-40　任务一参考程序

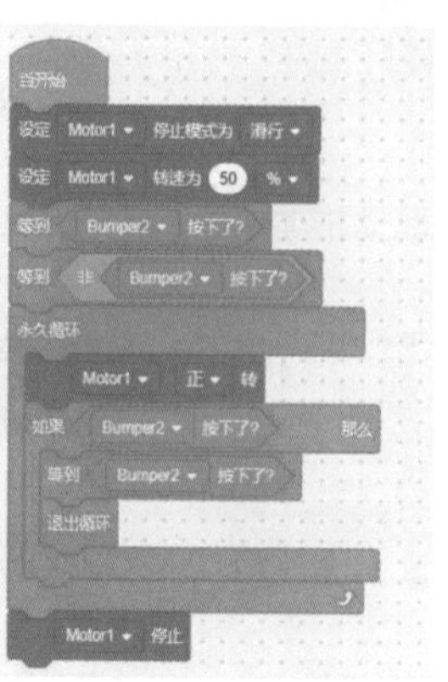

图2-41　任务二参考程序

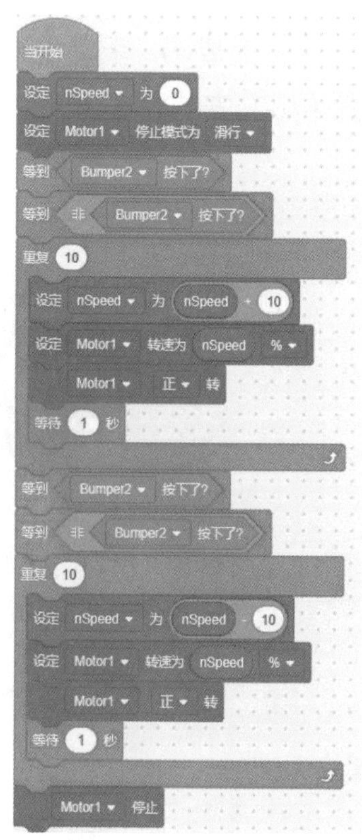

图2-42　任务三参考程序

（4）想一想

① 测一测，电机转动10圈需要多长时间？

② 雨刮器搭建中还有哪些问题？如何改进？

③ 按下Bumper2，雨刮器以20的速度工作，再按下Bumper2，雨刮器以50的速度工作，再按下Bumper2，雨刮

器以100的速度工作。如何编程?

2.5 彩球分拣机器人

随着人工成本的不断升高，用机器人代替人力去做一些重复性的高强度的劳动是现代机器人研究的一个重要方向。

▶扫码看步骤◀

色选机是根据物料光学特性差异，利用光电探测技术将颗粒物料中的异色颗粒自动分拣出来的设备。目前色选机被用于散体物料或包装工业品、食品品质检测和分级领域。例如彩色糖豆分拣机，如图2-43所示。

让我们搭建一个如图2-44所示的彩球分拣机器人吧！

图2-43 彩色糖豆分拣机

图2-44 彩球分拣机器人

(1) 模型搭建

分拣机器人主要由颜色传感器、轨道、十字拨叉和拨叉驱动电机组成。

① 颜色传感器 将颜色传感器安装在合适的位置，完成图如图2-45所示。

② 轨道 用单孔梁和双格板搭建彩球轨道，完成图如图2-46所示。

图2-45 颜色传感器

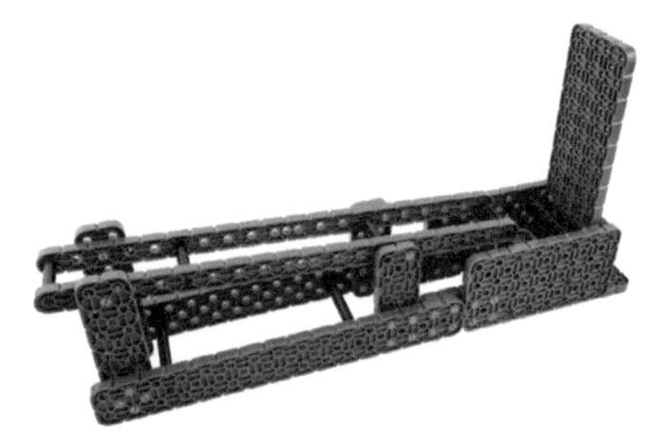

图2-46 分拣轨道

③ 十字拨叉　用90度倒角弯梁与齿轮搭建而成，三孔连接件作为拨片，完成图如图2-47所示。

④ 拨叉驱动电机　将拨叉与电机安装在一起，完成图如图2-48所示。

⑤ 完成图　将拨叉和轨道装配在一起，再安装控制器，完成图如图2-49所示。

图2-47　十字拨叉

图2-48　安装拨叉驱动电机

图2-49　完成图

（2）知识点

① 颜色传感器　色调模式（color-Hue）：当检测一个颜色时，颜色传感器使用3个内置传感器分别检测红光、绿光和蓝光的波长。物体表面发出来的光传给传感器，传感器通过组合返回来的值，生成"色彩"值，颜色传感器检测色调的范围为0～360。

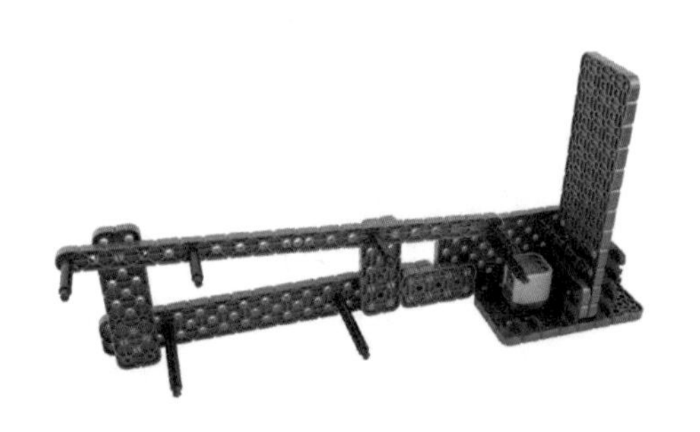

图2-50　颜色传感器安装位置

② 颜色传感器安装　颜色传感器安装在距离识别物体一个板厚度的位置，如图2-50所示。

（3）任务

① 添加设备　如图2-51所示，添加电机和传感器设置：端口1–电机Motor1；端口6–颜色传感器Color6。

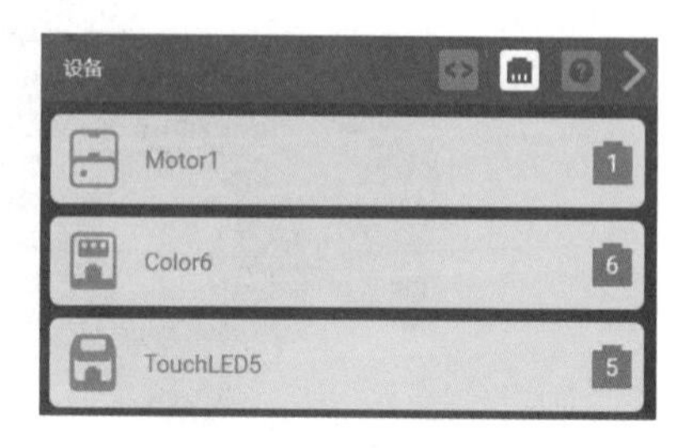

图2-51　添加电机和传感器

② 任务一　颜色传感器识别彩球的色调值，并显示在屏幕上。记录不同彩球的色调值，找出可以区分色调值的彩球。例如检测蓝球的值

为230～240，黄球的值为80～90。参考程序如图2-52所示。

③ 任务二　识别到蓝球，将蓝球拨向一边。参考程序如图2-53所示。

④ 任务三　按下TouchLED5，识别红球和黄球。红球滚落一边，黄球滚落另一边。参考程序如图2-54所示。

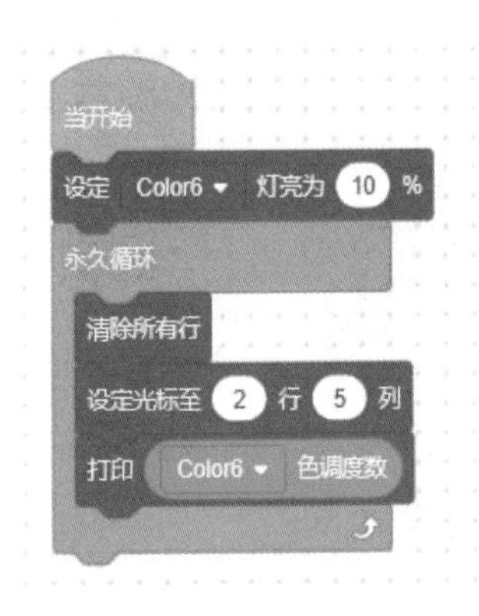

图2-52　任务一参考程序

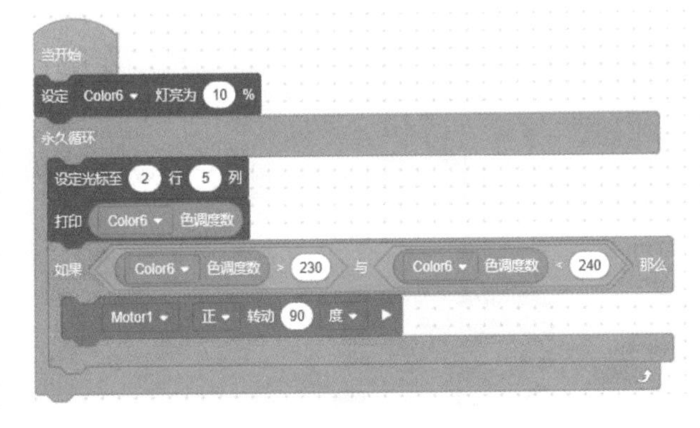

图2-53　任务二参考程序

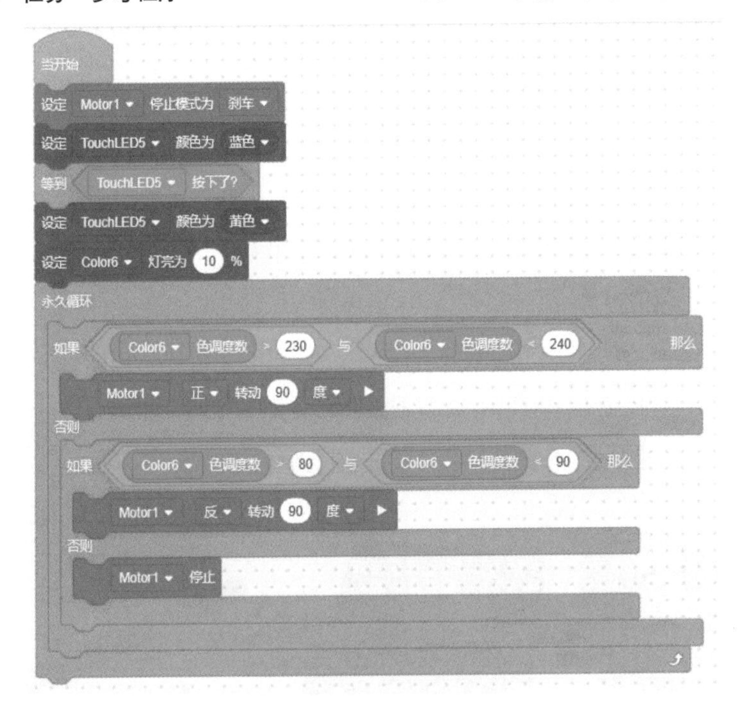

图2-54　任务三参考程序

（4）想一想

① 测一测，绿球、红球的色调值的范围是多少？

② 彩球分拣机器人搭建中还有哪些问题？如何改进？

③ 如果分拣红球、绿球、蓝球和黄球，如何编程？

2.6 自动指南车

指南车，又称司南车，是中国古代用来指示方向的一种装置。指南车是利用齿轮传动来指明方向的一种简单机械装置，如图2-55所示。

让我们搭建一个如图2-56所示的自动指南车吧！

图2-55　指南车　　图2-56　自动指南车

（1）模型搭建

自动指南车主要由移动底盘、指南针电机、指南针和陀螺仪（即陀螺仪传感器）组成。

① 移动底盘　用双电机驱动，前后轮使用5个齿轮传动。控制器固定在车头，完成图如图2-57所示。

② 指南针电机　用一个电机驱动指南针，完成图如图2-58所示。

③ 指南针　用一个单孔梁和一个三孔的轴梁搭建，将轴梁的方孔套在电机轴上，从而实现电机带动指南针转动。完成图如图2-59所示。

图2-57　移动底盘搭建

图2-58　指南针电机搭建

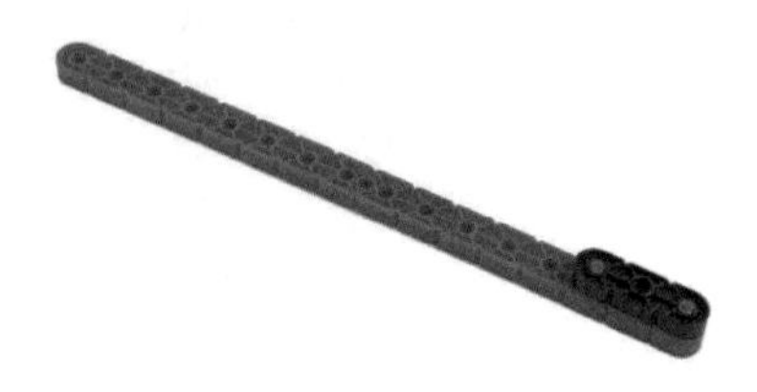

图2-59　指南针搭建（右端连接三孔轴梁）

④ 陀螺仪　将陀螺仪尽量靠近指南针，这样可以保证指南针根据陀螺仪测量车的转动角度和方向而往相反的方向转动。完成图如图2-60所示。

⑤ 完成图　将指南针和驱动电机安装在移动底盘上。完成图如图2-61所示。

图2-60　陀螺仪和指南针的安装

图2-61　完成图

(2) 知识点

① 机械指南车　其原理是，靠人力带动两轮的指南车行走，从而带动车内的木制齿轮转动，以传递指南车转向时两个车轮的差动，再带动车上的指向木人往指南车转向的相反方向转相同角度，从而保证车上木人的手始终指向指南车出发时所设置的木人指示的方向。故有“车虽回运而手常指南”。机械指南车如图2-62所示。

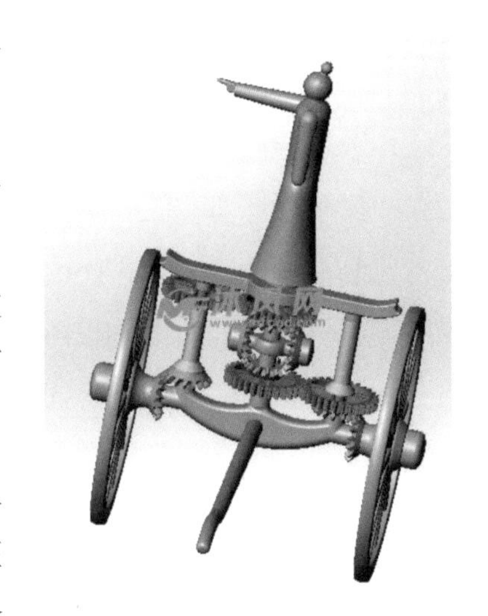

图2-62　机械指南车

② 陀螺仪　用来测量角度和角速度。陀螺仪的原理是，一个旋转物体的旋转轴所指的方向在不受外力影响时，是不会改变的。人们根据这个道理来保持方向。然后用多种方法读取轴所指示的方向，并自动将数据信号传给控制系统。我们骑自行车其实也是利用了这个原理。轮子转得越快越不容易倒，因为车轴有一股保持水平的力量。陀螺仪角速度测量范围为0 ~ 249.99dps，dps表示度每秒，角度测量范围为0.00 ~ 359.99度，逆时针的角度为正值，顺时针的角度为负值。本实例中，通过陀螺仪测量车体转过的角度，并通过电机驱动指针向相反方向转同样的角度，来保证指针始终指南。

(3) 任务

① 添加设备　如图2-63所示，添加电机和传感器：端口5–电机Motor5；端口12–触碰传感器TouchLED12；端口1–电机leftMotor；端口7–电机

rightMotor；端口6–陀螺仪Gyro6。

② 任务一　手动转动指南车，在屏幕上实时显示陀螺仪检测角度。参考程序如图2-64所示。

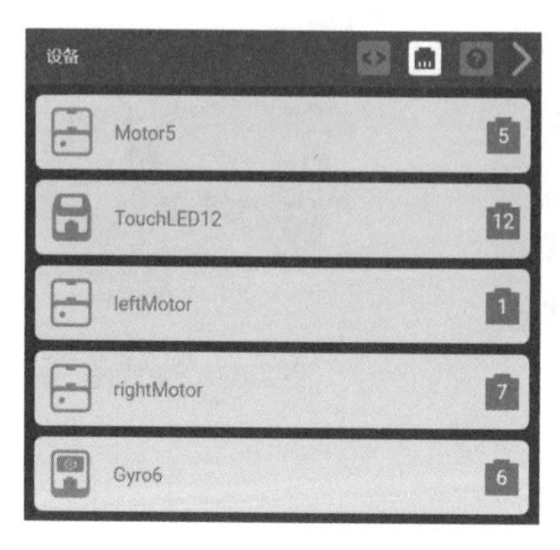

图2-63　添加电机和传感器

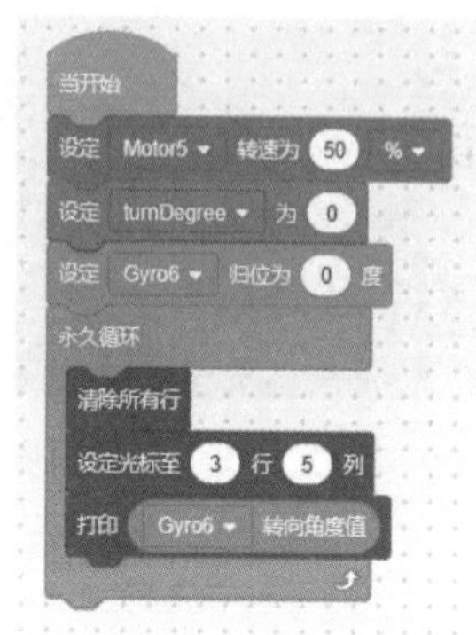

图2-64　任务一参考程序

③ 任务二　手动让车在360度范围内左右转动，指南车始终指向初始位置。参考程序如图2-65所示。

④ 任务三　按下TouchLED12，小车走正方形路线，但指南针始终指向初始位置。参考程序如图2-66、图2-67所示。

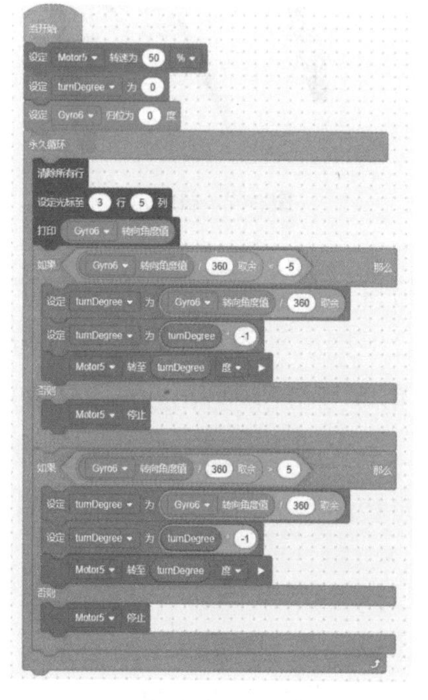

图2-65　任务二参考程序

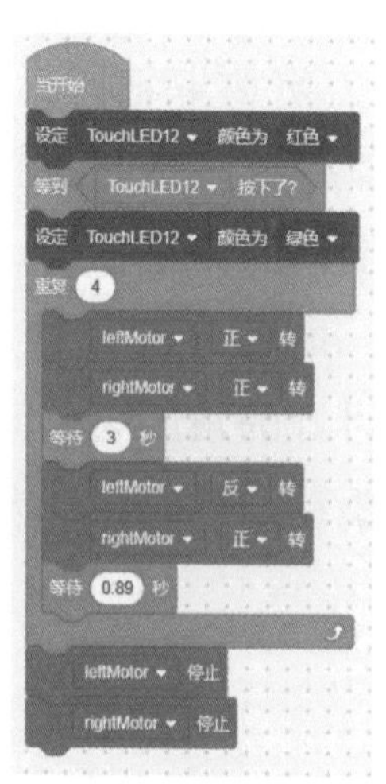

图2-66　任务三参考程序1

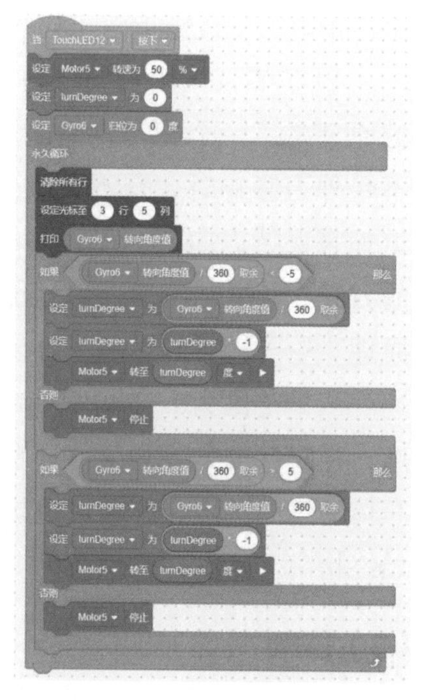

图2-67　任务三参考程序2

(4)想一想

① 想一想，为什么指南针电机转动的角度为陀螺仪转动角度对360度取余数的负值？

② 自动指南车搭建中还有哪些问题？如何改进？

③ 如果指南车随机运动，保持指南针为初始方向，如何编程？

2.7 自动感应门

自动感应门完成一次开门与关门的工作流程为：感应器探测到有人进入时，将脉冲信号传给主控制器，主控制器判断后通知电机运行，同时监控电机转数，以便通知电机在一定时间加力并慢速运行，使自动感应门开启；自动感应门开启后由控制器作出判断，如需关闭自动感应门，通知电机做反向运动，关闭自动感应门。自动感应门如图2-68所示。

让我们搭建一个如图2-69所示的自动感应门吧！

图2-68 自动感应门

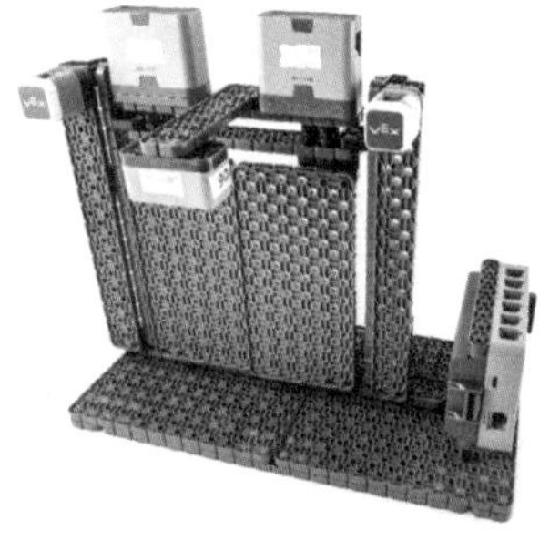

图2-69 自动感应门模型

(1)模型搭建

自动感应门主要由门、门框、驱动电机和底座组成。

① 门 由2个6×12的宽板和双格板搭建而成，完成图如图2-70所示。

图2-70 门

② 门框 将门和门框固定在底座上。完成图如图2-71所示。

③ 驱动电机　用两个电机驱动门。完成图如图2-72所示。

④ 完成图　在门上方安装一个超声波传感器，在侧边固定一个控制器。完成图如图2-69所示。

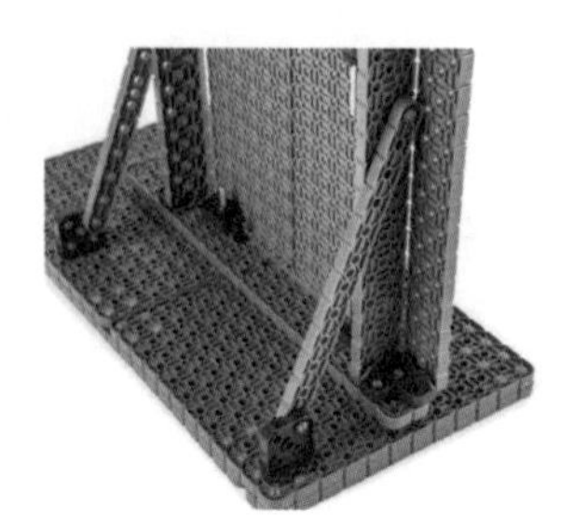

图2-71　门框搭建

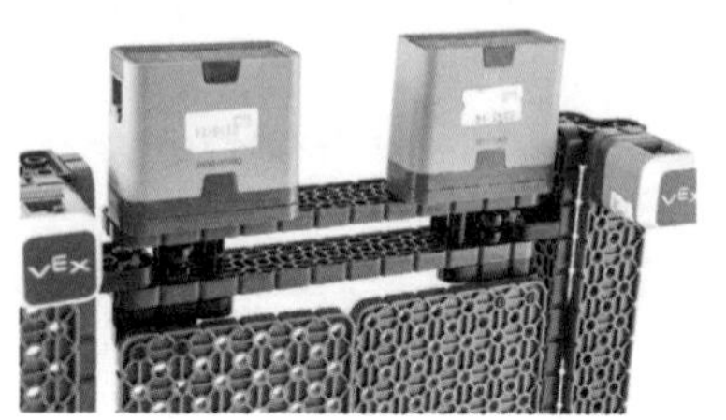

图2-72　驱动电机安装

（2）知识点

① 超声波传感器的安装位置　超声波传感器的安装位置决定了检测的方向，本实例需要人到了门前再开门，所以在门的顶部朝下安装超声波传感器。如果需要检测门前方一定距离的人，需要根据人的身高，选择一个合适的位置，朝前安装也可以，如图2-73所示。

② 门框的支撑　门框固定在底座上，用两个单孔梁进行支撑，使门更牢固，如图2-74所示。

图2-73　超声波传感器的安装

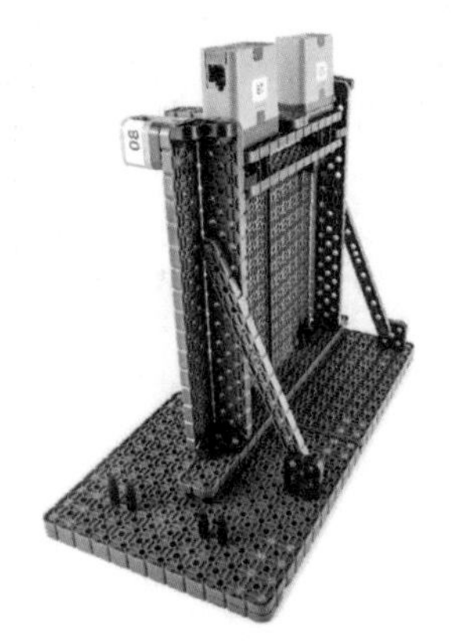

图2-74　门框的支撑

（3）任务

① 添加设备　如图2-75所示，添加电机和传感器：端口3–电机leftMotor；端口5–电机rightMotor；端口2–触屏传感器TouchLED2；端口6–触屏传感器TouchLED6；端口4–超声波传感器Distance4。

② 任务一　按下TouchLED2，门打开90度；再按下TouchLED6，门关闭。参考程序如图2-76所示。

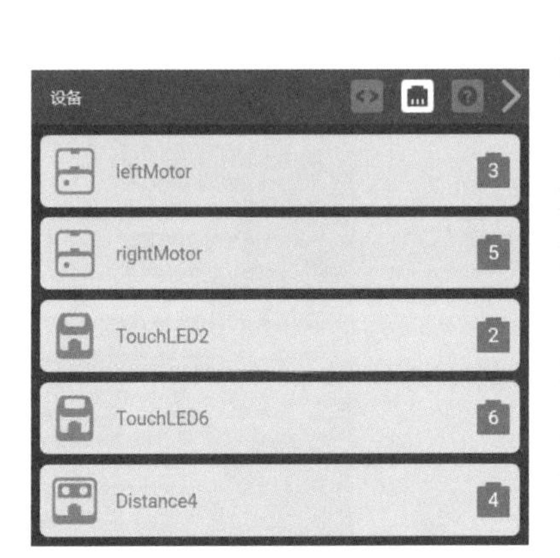

图2-75　添加电机和传感器

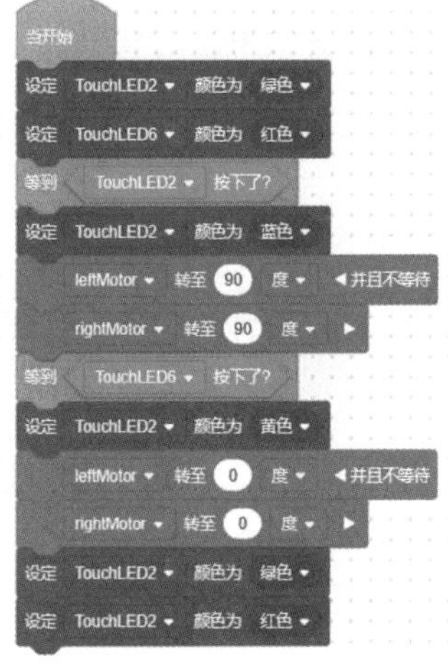

图2-76　任务一参考程序

③ 任务二　TouchLED6显示红色，TouchLED2显示绿色，门初始状态为关闭状态。按下TouchLED2，TouchLED2显示蓝色。门自动控制系统开启，超声波传感器检测与障碍物的距离≤100mm，TouchLED6显示无色，处于不可用状态，门打开，延时5秒后门自动关闭，TouchLED6显示黄色。如果按下TouchLED6，门自动控制系统关闭，TouchLED6显示红色，TouchLED2显示绿色。参考程序如图2-77所示。

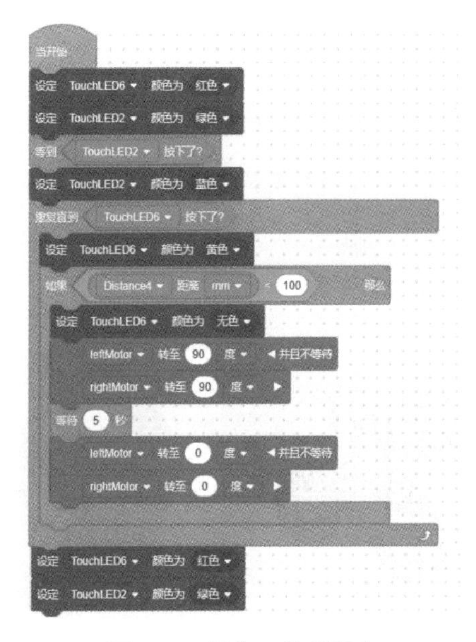

图2-77　任务二参考程序

④ 任务三　按下TouchLED2，超声波传感器开始工作，检测到与人的距离≤100mm，门打开，延时5秒后门关闭，并实时在屏幕上显示人数。如果按下TouchLED6，超声波传感器停止工作。参考程序如图2-78所示。

```
当开始
设定 number ▾ 为 0
设定 TouchLED6 ▾ 颜色为 红色 ▾
设定 TouchLED2 ▾ 颜色为 绿色 ▾
等到 TouchLED2 ▾ 按下了?
设定 TouchLED2 ▾ 颜色为 蓝色 ▾
重复直到 TouchLED6 ▾ 按下了?
    设定 TouchLED6 ▾ 颜色为 黄色 ▾
    如果 Distance4 ▾ 距离 mm ▾ < 100 那么
        将 number ▾ 改变 1
        清除所有行
        设定光标至 3 行 10 列
        打印 number
        设定 TouchLED6 ▾ 颜色为 无色 ▾
        leftMotor ▾ 转至 90 度 ▾ 并且不等待
        rightMotor ▾ 转至 90 度 ▾
        等待 5 秒
        leftMotor ▾ 转至 0 度 ▾ 并且不等待
        rightMotor ▾ 转至 0 度 ▾
设定 TouchLED6 ▾ 颜色为 红色 ▾
设定 TouchLED2 ▾ 颜色为 绿色 ▾
```

图2-78　任务三参考程序

（4）想一想

① 测一测，门打开和关闭一次需要多长时间？

② 自动门搭建中还有哪些问题？如何改进？

③ 如果检测距离为200mm，门打开，等待2秒后关闭，如何编程？

2.8 压路机

压路机又称压土机，是一种修路的设备。压路机在工程机械中属于道路设备的范畴，广泛用于高等级公路、铁路、机场跑道、大坝、体育场等大型工程项目的填方压实作业，可以碾压沙性、半黏性及黏性土壤，路基稳定及沥青混凝土路面层。压路机以机械本身的重力工作，适用于各种压实作业，使被碾压层产生永久变形而密实。压路机又分钢轮式和轮胎式两类。压路机如图2-79所示。

让我们搭建一个如图2-80所示的压路机吧！

图2-79　压路机

图2-80　压路机模型

（1）模型搭建

压路机主要由车体、主控制器和滚轮组成。

① 车体　车体由1个4×8的宽板、双格板、2个电机和4个200mm的胶轮搭建而成。完成图如图2-81所示。

图2-81　车体搭建

② 主控制器　将主控制器安装在车体上。完成图如图2-82所示。

③ 滚轮　用2个60齿的齿轮和6个双格板搭建而成。完成图如图2-83所示。

④ 完成图　安装链条，搭建驾驶室。完成图如图2-84所示。

图2-82　主控制器安装

图2-83　滚轮搭建

图2-84　完成图

（2）知识点

① VEX IQ链轮和链条如图2-85所示。

② 链传动　是通过链条将具有特殊齿形的主动链轮的运动和动力传递到具有特殊齿形的从动链轮的一种传动方式，如图2-86所示。

链传动传动比计算：传动比=主动齿轮转速/从动齿轮转速=从动轮齿数/主动轮齿数。

如果主动轮齿数为8，从动轮齿数为16，则传动比=16/8=2。

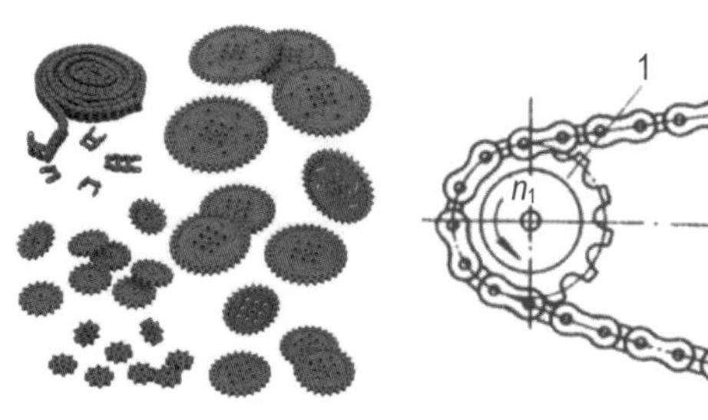

图2-85　链轮和链条

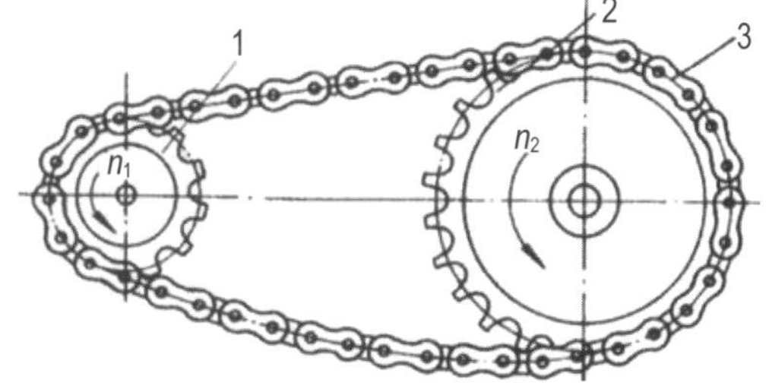

图2-86　链传动

1—主动齿轮；2—从动齿轮；3—链条

（3）任务

① 添加设备　如图2-87所示，添加电机和传感器：端口3−电机leftMotor；端口9−电机rightMotor；端口4−电机Motor4；端口6−触屏传感器TouchLED6；端口12−触屏传感器TouchLED12。

② 任务一　按下TouchLED6，滚轮正转，按下TouchLED12，滚轮反转。参考程序如图2-88所示。

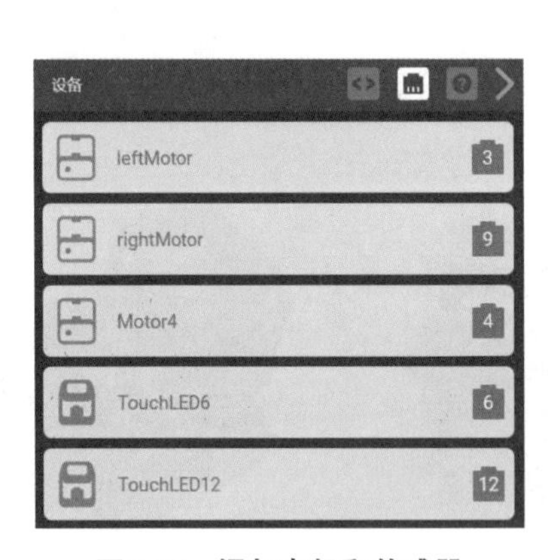

图2-87　添加电机和传感器

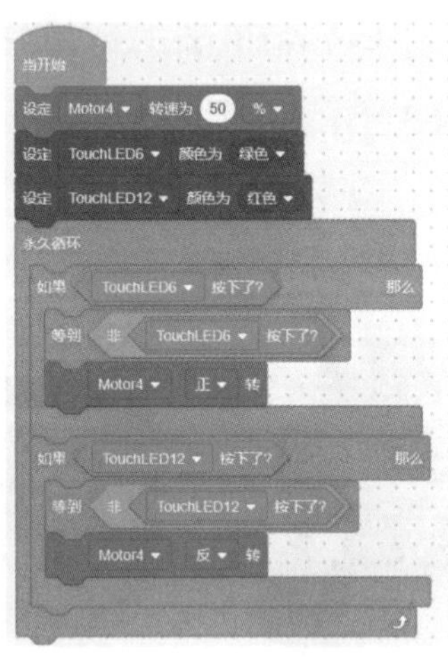

图2-88　任务一参考程序

③ 任务二　TouchLED6显示绿色，TouchLED12显示红色，按下TouchLED6，压路机前进并滚动滚轮，如果按下TouchLED12，压路机停止工作。参考程序如图2-89所示。

④ 任务三　按下TouchLED6，压路机前进，滚轮正转，按下TouchLED12，压路机后退，滚轮反转。参考程序如图2-90所示。

图2-89　任务二参考程序

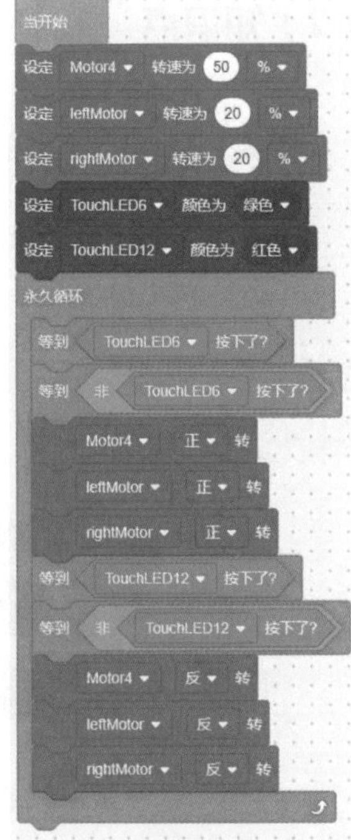

图2-90　任务三参考程序

（4）想一想

① 测一测，滚轮转一圈需要多长时间？

② 压路机搭建中还有哪些问

题？如何改进？

③ 压路机前进同时滚轮转动20秒，右转90度，前进20秒后停止，如何编程？

2.9 叉车

叉车是工业搬运车辆，是对成件托盘货物进行装卸、堆垛和短距离运输作业的各种轮式搬运车辆，常用于仓储大型物件的运输，如图2-91所示。

叉车的技术参数是用来表明叉车的结构特征和工作性能的。主要技术参数有：额定起重量、载荷中心距、最大起升高度、门架倾角、最大行驶速度、最小转弯半径、最小离地间隙以及轴距、轮距等。

让我们搭建一个如图2-92所示的叉车吧！

图2-91 叉车

图2-92 叉车模型

（1）模型搭建

叉车主要由车体、方向盘和叉子组成。

① 车体 车体由2个电机和双格板搭建而成。完成图如图2-93所示。

图2-93 车体

② 方向盘 用单孔梁、3×5直角弯梁和滑轮搭建而成。完成图如图2-94所示。

③ 叉子 用6个齿条、4个12齿的齿轮和6个双格板搭建而成。完成图如图2-95所示。

④ 完成图　将叉子固定在车体上，再安装一个控制器。完成图如图2-96所示。

图2-94　方向盘搭建

图2-95　叉子

图2-96　完成图

（2）知识点

① VEX IQ齿条　是一种齿分布于条形体上的特殊齿轮，如图2-97所示。

本实例中，采用齿轮齿条传动，使叉子上下运动。齿轮齿条的安装如图2-98所示。

② 齿轮齿条传动　齿轮齿条工作原理是将齿轮的回转运动转变为齿条的往复直线运动，或将齿条的往复直线运动转变为齿轮的回转运动，如图2-98所示。

齿条直线运动速度v的计算：齿条直线运动速度v与齿轮分度圆直径d、齿轮转速n之间的关系为

$$v=\pi \times d \times n/60\ (\text{mm/s})$$

式中，d为齿轮分度圆直径，mm；n为齿轮转速，r/min。

图2-97　VEX IQ齿条

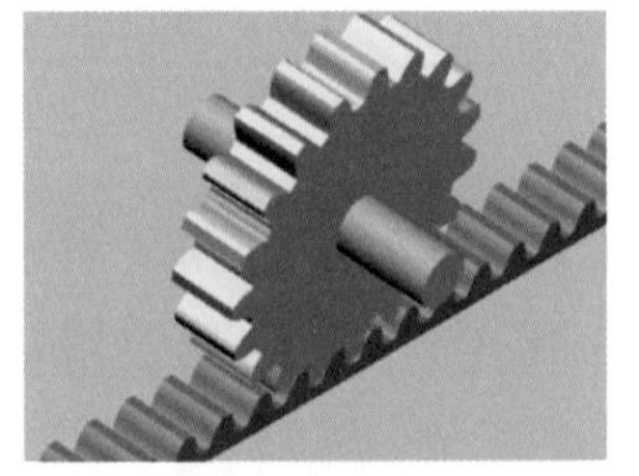
图2-98　齿轮齿条传动

（3）任务

① 添加设备　如图2-99所示，添加电机和传感器：端口7-电机leftMotor；端口12-电机rightMotor；端口1-电机Motor1；端口2-触屏传感器TouchLED2；

端口5–触屏传感器TouchLED5；端口8–超声波传感器Distance8。

② 任务一　按下TouchLED2，叉子升到180mm（相当于电机转600度），按下TouchLED5，叉子回到初始位置。参考程序如图2-100所示。

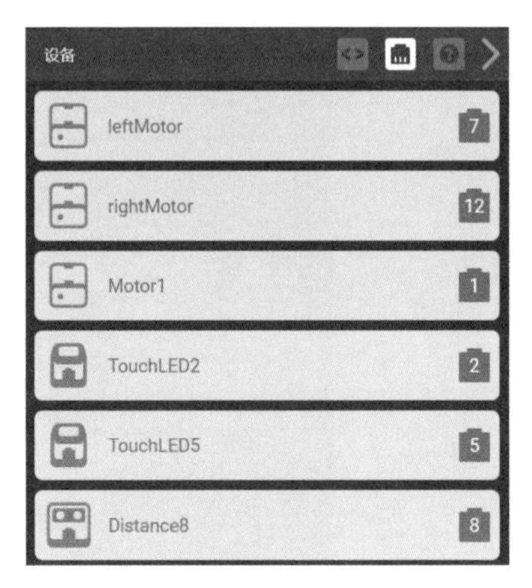

图2-99　添加电机和传感器

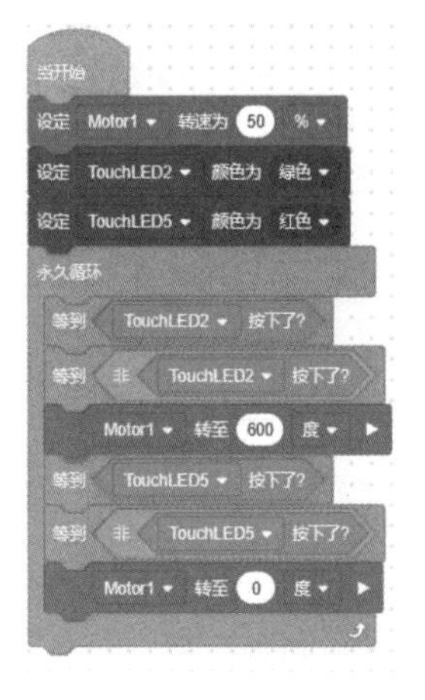

图2-100　任务一参考程序

③ 任务二　程序开始运行时TouchLED2显示绿色，TouchLED5显示红色，按下TouchLED2，叉车前进100mm停止，叉子上升到180mm，停留5秒，下降到0位。如果按下TouchLED5，叉车后退，距离障碍物100mm停止。参考程序如图2-101所示。

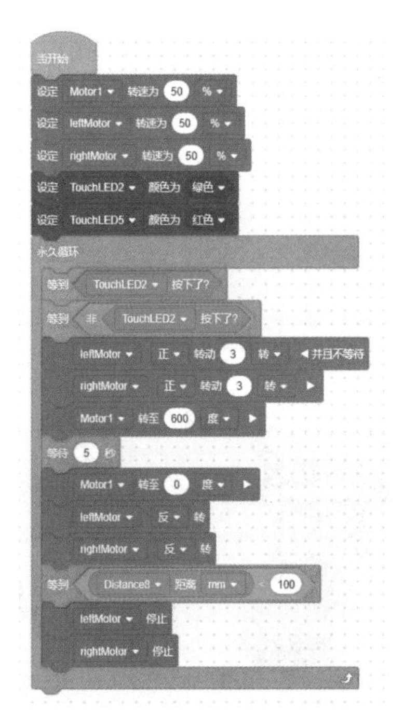

图2-101　任务二参考程序

④ 任务三　如果按下TouchLED2，leftMotor和rightMotor转动1000度，Motor1转至700度，停留3秒后降到0位。如果按下TouchLED5，叉车后退到距离障碍物200mm停止，Motor1转至600度，停留3秒，下降到0位。参考程序如图2-102所示。

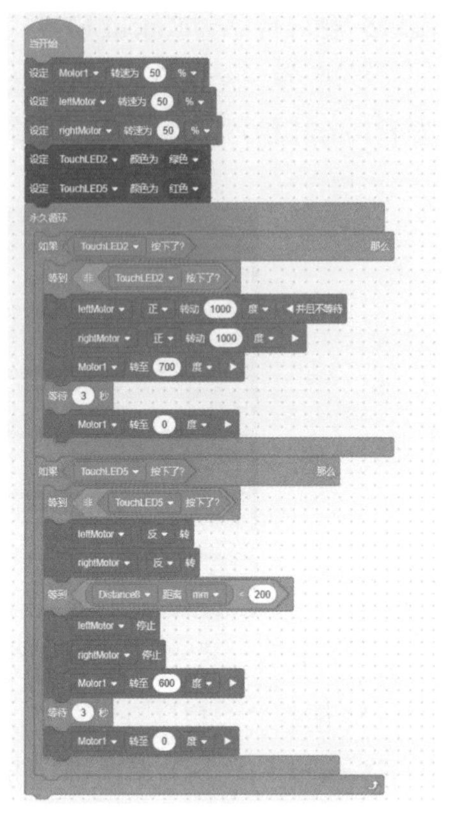

图2-102　任务三参考程序

（4）想一想

① 测一测，电机转多少度时叉子升到最高？

② 叉车搭建中还有哪些问题？如何改进？

③ 叉车前进600mm，然后停止，叉子升到100mm，停留2秒后下降到0位。如何编程？

2.10 自动手枪

手枪是一种单手握持瞄准射击或本能射击的短枪管武器，通常为指挥员和特种兵随身携带，在50m近程内自卫和突然袭击敌人，如图2-103所示。手枪大体分为手柄、扳机、枪管、弹夹等几部分。

让我们搭建一个如图2-104所示的自动手枪吧！

图2-103　自动手枪

图2-104　自动手枪模型

(1) 模型搭建

手枪主要由枪体、弹夹装置和发射机构组成。

① 枪体　枪体由1个4×6的宽板和双格板搭建而成。完成图如图2-105所示。

图2-105　枪体搭建

② 弹夹装置　子弹的轨道由单孔梁和双格板搭建而成，子弹用3孔单孔梁代替。完成图如图2-106所示。

③ 发射机构　电机带动12齿的小齿轮，然后小齿轮带动1个60齿的齿轮实现减速传动。60齿的大齿轮带动作为偏心轮的大齿轮，大齿轮上固定一个拨杆。完成图如图2-107所示。

④ 完成图　将发射机构、弹夹装置、控制器和触碰传感器与枪体装配在一起。完成图如图2-104所示。

图2-106　弹夹装置　　图2-107　发射机构

(2) 知识点

① VEX IQ皮筋如图2-108所示。

② 发射机构　电机带动12齿的小齿轮，然后小齿轮带动1个60齿的齿轮实现减速传动。60齿的大齿轮带动作为偏心轮的大齿轮，大齿轮带动其上固定的

拨杆，拨动发射杆的头部，拉开皮筋产生弹力。当拨杆脱离发射杆头部时，在皮筋的作用下完成发射子弹的功能。

图2-108　VEX IQ皮筋

（3）任务

① 添加设备　如图2-109所示，添加电机和传感器：端口5−触碰传感器Bumper5；端口1−电机Motor1。

② 任务一　按下触碰传感器，发射子弹一次。参考程序如图2-110所示。

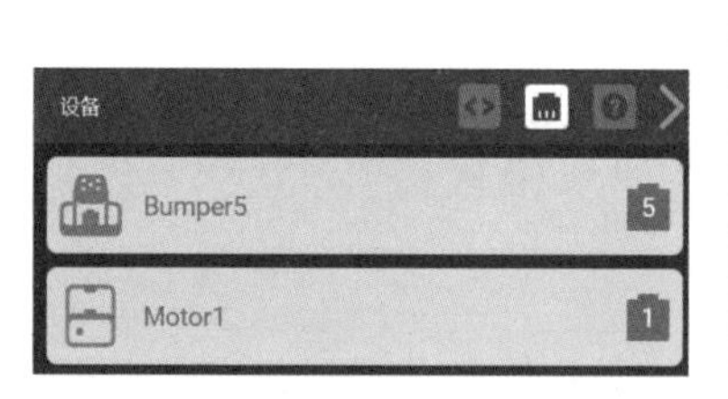

图2-109　添加电机和传感器

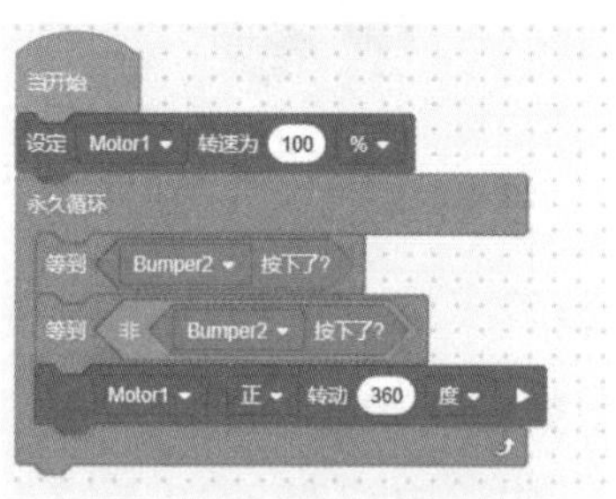

图2-110　任务一参考程序

③ 任务二　按下触碰传感器，连续发射子弹5次。参考程序如图2-111所示。

④ 任务三　按下触碰传感器，连续发射子弹，再按下触碰传感器，发射停止。参考程序如图2-112所示。

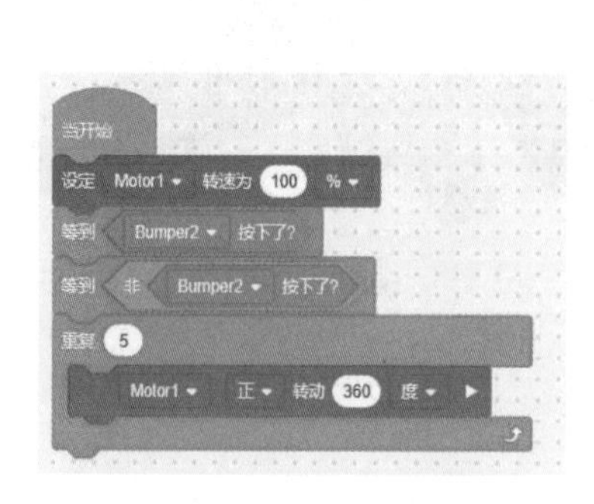

图2-111　任务二参考程序

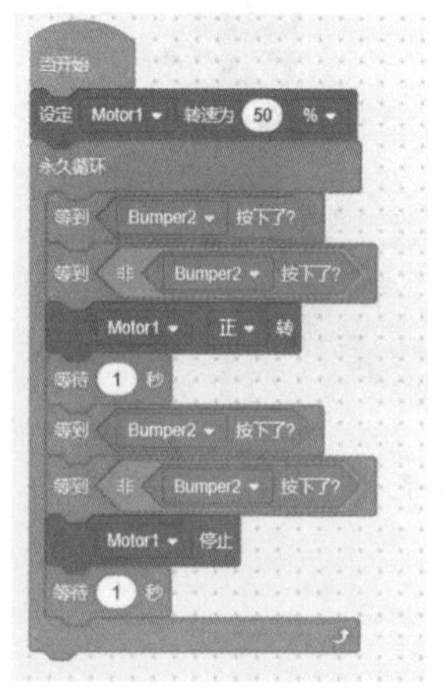

图2-112　任务三参考程序

（4）想一想

① 测一测，发射杆的行程是多少毫米？

② 自动手枪搭建中还有哪些问题？如何改进？

③ 如果将触碰传感器换成触屏传感器，能否实现发射功能？如何编程？

2.11 保卫家园

电子防盗装置是利用现代电子高科技产品防止各种有形财产、无形财产被他人恶意地拿、偷、扒、抢、盗，如电子防盗门、电子摄像头、电子报警锁等装置，如图2-113所示。

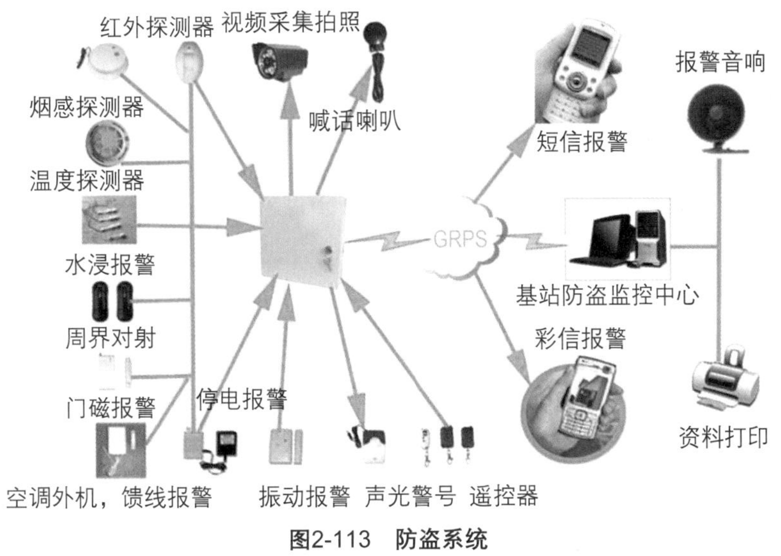

图2-113 防盗系统

让我们搭建一个如图2-114所示的具有防盗功能的房子吧！

图2-114 保卫家园模型

（1）模型搭建

保卫家园模型主要由地板、小房子和传感器组成。

① 地板　用2个12×12的大方板搭建而成，在地板上安装触碰传感器。完成图如图2-115所示。

② 小房子　用大方板和双格板搭建而成。完成图如图2-116所示。

③ 完成图　将小房子固定在地板上，再装上主控制器和4个触屏传感器。完成图如图2-117所示。

图2-115　地板

图2-116　小房子

图2-117　完成图

（2）知识点

① 防盗地板　在地板的下方安装一个触碰传感器，当装有触碰传感器的地板被压下时，触碰传感器触发报警系统，如图2-118所示。

② 报警系统　采用4个TouchLED传感器显示不同的颜色，同时发出报警声音，如图2-119所示。

图2-118　防盗地板搭建

图2-119　报警系统

（3）任务

① 添加设备　如图2-120所示，添加传感器：端口1–触屏传感器TouchLED1；端口2–触屏传感器TouchLED2；端口3–触屏传感器TouchLED3；

端口4–触屏传感器TouchLED4；端口12–触碰传感器Bumper12。

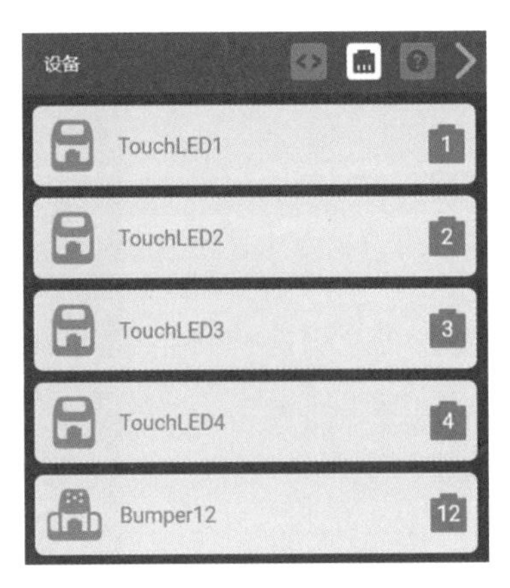

图2-120 添加传感器

② 任务一 踩中触碰传感器，四个触屏传感器由colorNone分别变成不同颜色，显示时间2秒。参考程序如图2-121所示。

③ 任务二 踩下触碰传感器，四个触屏传感器由无色变成不同颜色，显示时间为0.2秒，循环显示。参考程序如图2-122所示。

图2-121 任务一参考程序　图2-122 任务二参考程序

④ 任务三 踩下触碰传感器，四个触屏传感器轮流显示颜色，显示时间为0.1秒，并报警。参考程序如图2-123和图2-124所示。

图2-123 任务三参考程序1

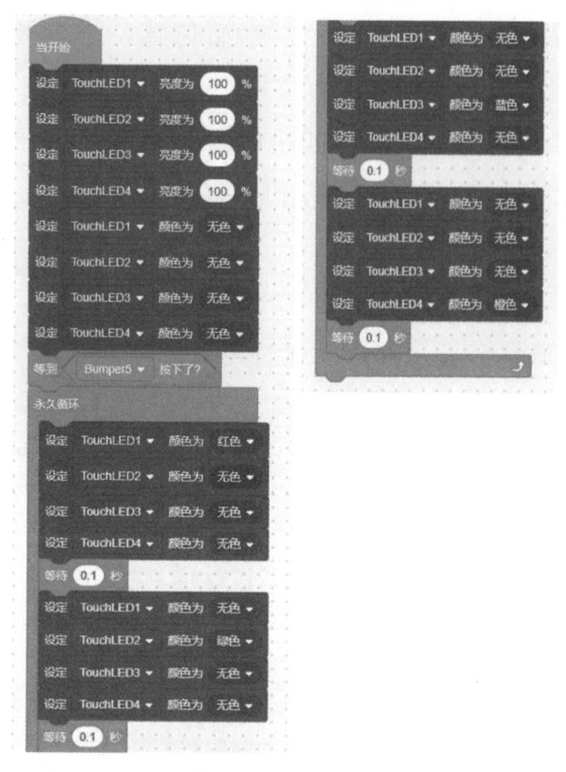

图2-124　任务三参考程序2

（4）想一想

① 测一测，触屏传感器显示颜色的间隔设置为多少才能出现闪烁的效果？

② 保卫家园搭建中还有哪些问题？如何改进？

③ 触碰传感器按下，两个TouchLED轮流显示不同颜色。如何编程？

2.12 滚筒洗衣机

滚筒洗衣机发源于欧洲，是模仿棒槌击打衣物原理设计的。滚筒洗衣机是由不锈钢内桶、机械程序控制器、外壳和若干笨重的水泥块（用于平衡）组成的。滚筒旋转时产生的巨大离心力使衣物做重复运动，加上洗衣粉和水的共同作用将衣物洗涤干净，如图2-125所示。

让我们搭建一个如图2-126所示的滚筒洗衣机吧！

图2-125 滚筒洗衣机

图2-126 滚筒洗衣机模型

(1) 模型搭建

滚筒洗衣机主要由滚轮、筒体和功能键组成。

① 滚轮　用2个齿数为40的链轮和6根8个长度的支撑柱搭建而成。完成图如图2-127所示。

② 筒体　用大方板搭建而成。完成图如图2-128所示。

③ 功能键　安装4个触屏传感器作为洗衣机的功能按键，再安装主控制器。完成图如图2-129所示。

④ 完成图　将电机与滚轮安装在一起，将控制器和触屏传感器安装在筒体上。完成图如图2-126所示。

图2-127 滚轮搭建

图2-128 筒体搭建

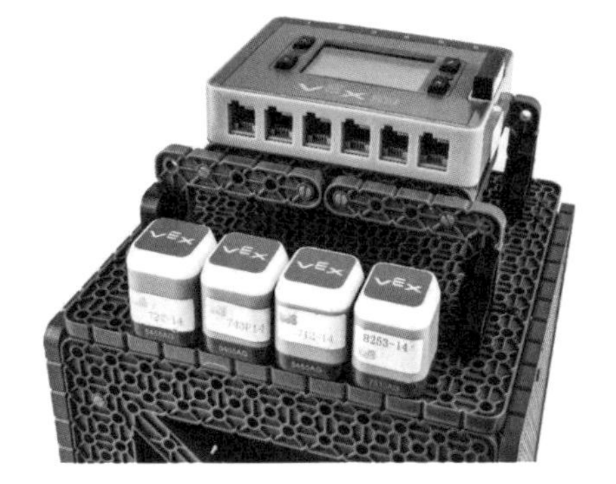

图2-129 洗衣机功能键

(2) 知识点

① 方板　通常用来搭建底座、箱体等，如图2-130所示。本实例用它来搭建洗衣机筒体。

② 链轮　链轮除了进行链传动以外，还可作为一般搭建材料使用，如图2-131所示。本实例用2个链轮和6根支撑柱搭建滚轮。

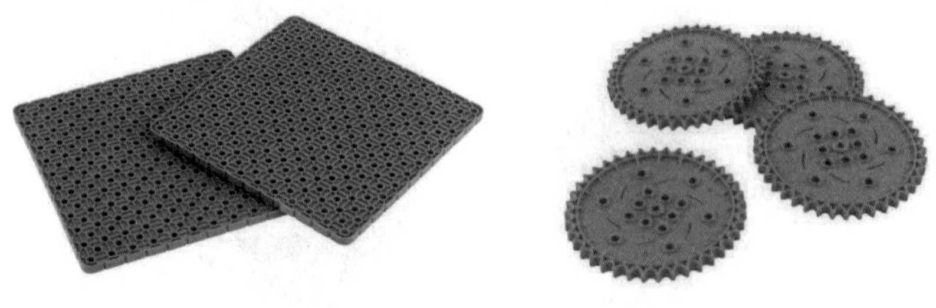

图2-130　VEX IQ方板　　图2-131　链轮

（3）任务

① 添加设备　如图2-132所示，添加电机和传感器：端口7–触屏传感器TouchLED1；端口8–触屏传感器TouchLED2；端口11–触屏传感器TouchLED3；端口12–触屏传感器TouchLED4；端口1–电机Motor1。

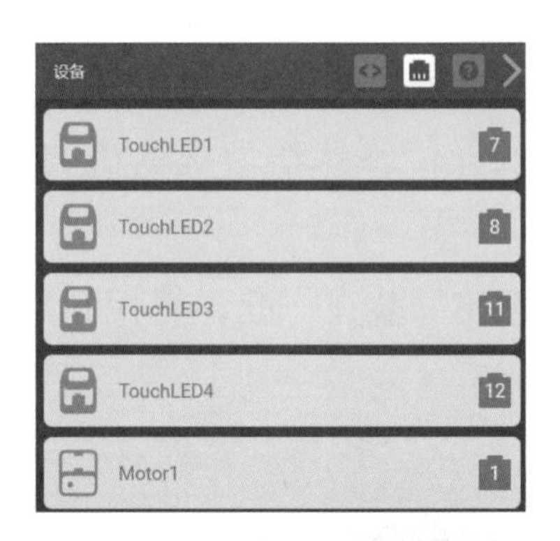

图2-132　添加电机和传感器

② 任务一　TouchLED1显示绿色，TouchLED2显示红色，TouchLED3显示蓝色，TouchLED4显示橙色。按下TouchLED1，洗衣机以20的速度转动2秒；按下TouchLED2，洗衣机以40的速度转动2秒；按下TouchLED3，洗衣机以70的速度转动2秒；按下TouchLED4，洗衣机以100的速度转动2秒。参考程序如图2-133所示。

③ 任务二　洗衣机转速50，TouchLED1显示绿色，TouchLED2显示红色，TouchLED3显示蓝色，TouchLED4显示橙色。按下TouchLED1，洗衣机转动4秒并在屏幕上显示倒计时；按下TouchLED2，洗衣机转动6秒并在屏幕上显示倒计时；按下TouchLED3，洗衣机转动8秒并在屏幕上显示倒计时；按下

TouchLED4，洗衣机转动10秒并在屏幕上显示倒计时。参考程序如图2-134所示。

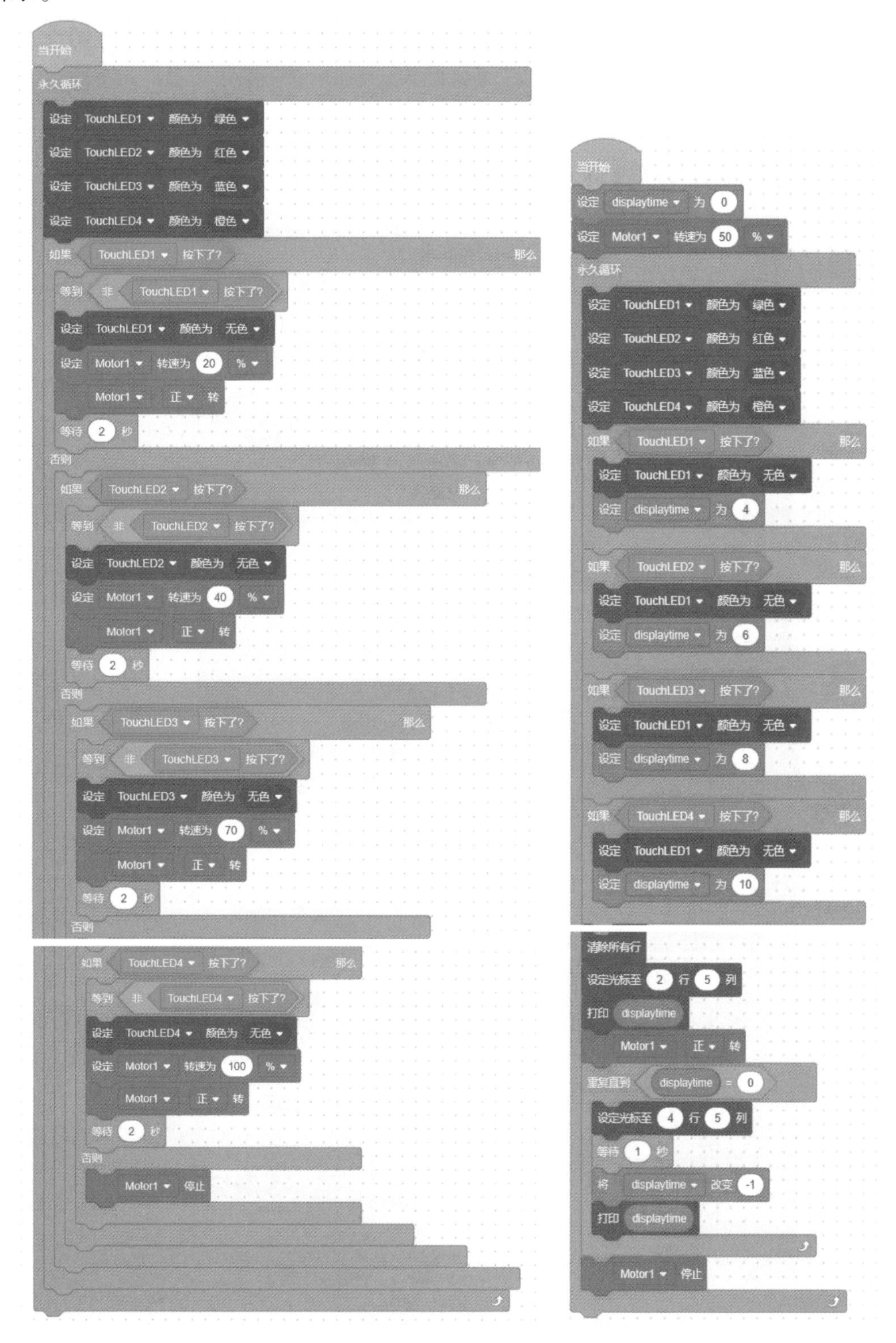

图2-133 任务一参考程序　　图2-134 任务二参考程序

④ 任务三　按下TouchLED1，洗衣机以50的速度正转2秒；按下TouchLED2，洗衣机以50的速度正转2秒，反转2秒；按下TouchLED3，洗衣机速度从0增加到100，分5次增速，每次增量20，每次变速正转1秒，增加到100后，匀速运动2秒后停止；按下TouchLED4，洗衣机速度从0增加到100后，分5次增速，每次增量20，每次变速反转1秒，增加到100后，匀速运动2秒，再减速到0，分5次减速，每次减速20，反转1秒，减速到0停止转动。参考程序如图2-135所示。

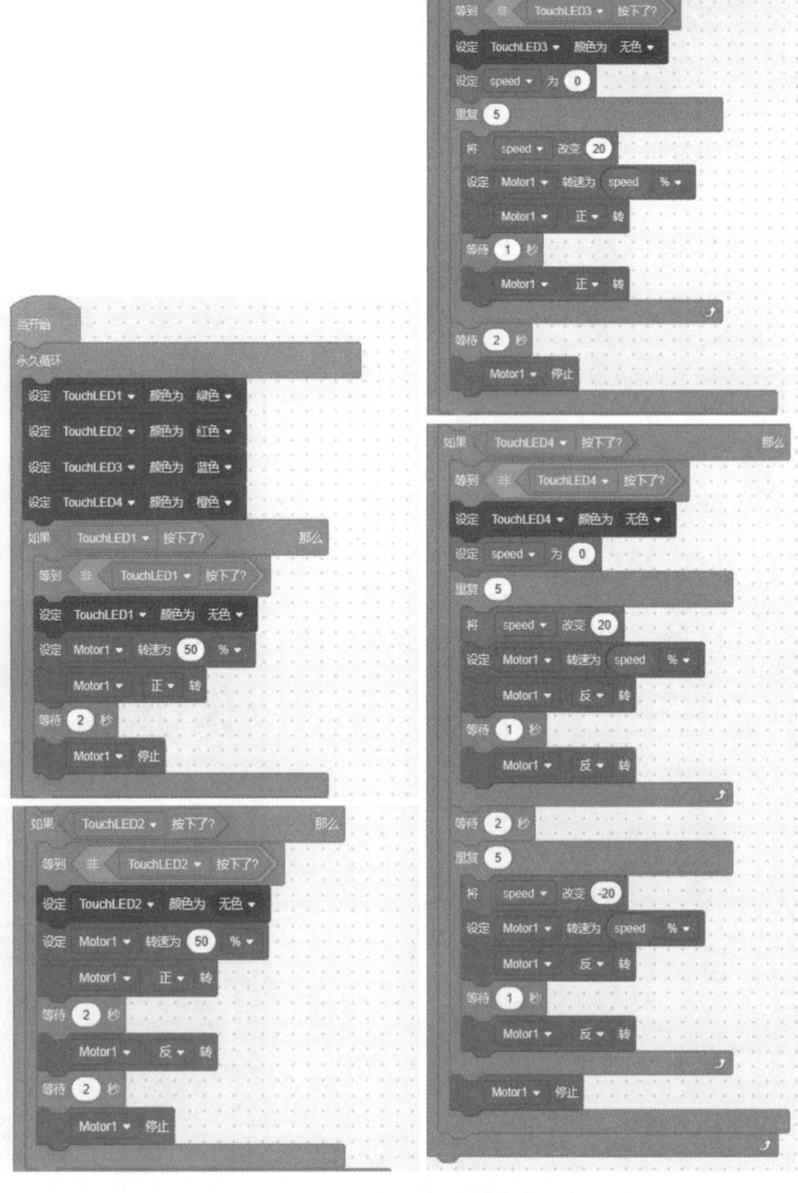

图2-135　任务三参考程序

(4)想一想

① 想一想，如果滚轮装在底面，如何搭建?

② 滚筒洗衣机搭建中还有哪些问题? 如何改进?

③ 如果TouchLED1的功能为以20的速度转动10秒，并显示倒计时；TouchLED2的功能为以40的速度转动7秒，并显示倒计时；TouchLED3的功能为以60的速度转动3秒，并显示倒计时；TouchLED4的功能为以100的速度转动2秒，并显示倒计时，如何编程?

2.13 雷达车

轮式移动机器人，利用传感器来感知车辆周围环境，并根据传感器所获得的道路、位置和障碍物信息，控制机器人的转向和速度，从而使机器人能够安全、可靠地在道路上行驶，如图2-136所示。

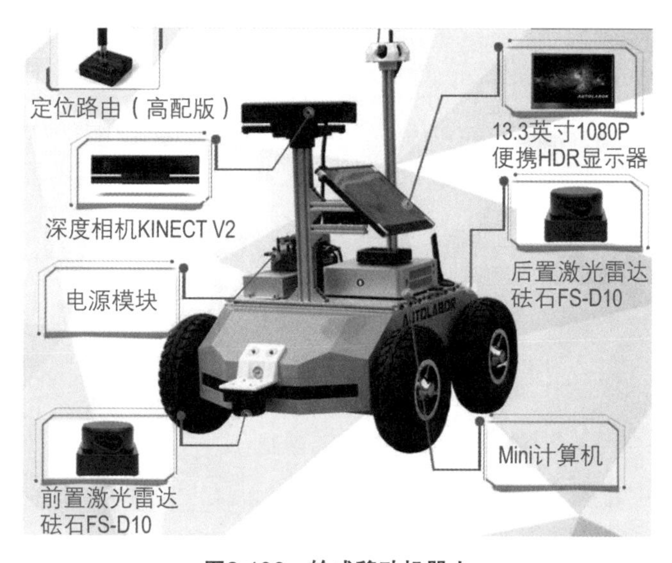

图2-136　轮式移动机器人

让我们搭建一个如图2-137所示的能够感知前方障碍的轮式移动机器人——雷达车吧!

图2-137　雷达车模型

（1）模型搭建

雷达车主要由驱动电机、车体、车头组成。

① 驱动电机　用2个电机驱动36齿的齿轮，再带动36齿的齿轮。完成图如图2-138所示。

② 车体　由双格板搭建而成，后轮为胶轮，前轮为全向轮。完成图如图2-139所示。

③ 车头　主要由超声波传感器与60度弯梁搭建而成。完成图如图2-140所示。

④ 完成图　将控制器安装在车体上。完成图如图2-141所示。

图2-138　驱动电机安装

图2-139　车体

图2-140　车头

图2-141　完成图

（2）知识点

① 全向轮　全向轮周长200mm，全向轮不仅可以前进后退，还可以横向运动，通常用作前轮，使转向更灵活，如图2-142所示。

② 胶轮　标准胶轮周长200mm。胶轮的摩擦力大，适合作后轮，如图2-143所示。

图2-142　全向轮　　　图2-143　胶轮

（3）任务

① 添加设备　如图2-144所示，添加电机和传感器：端口1–电机leftMotor；端口6–电机rightMotor；端口11–电机Motor11；端口12–超声波传感器Distance12；端口2–触屏传感器TouchLED2。

② 任务一　TouchLED2显示红色，按下TouchLED2，TouchLED2显示绿色，车头开始转动，当超声波传感器检测到距离障碍物100mm时，停止转动1秒。参考程序如图2-145所示。

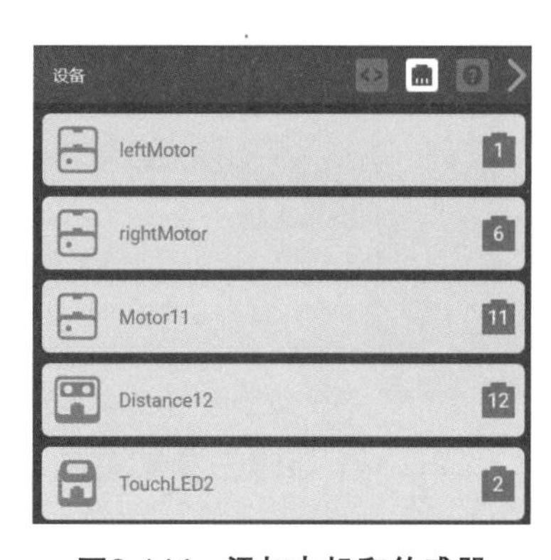

图2-144　添加电机和传感器

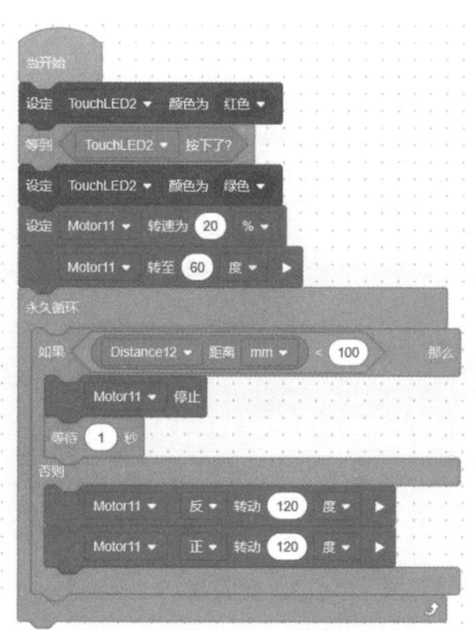

图2-145　任务一参考程序

③ 任务二　TouchLED2显示红色，按下TouchLED2，TouchLED2显示绿色，车开始前进，同时超声波传感器左右摆动。当超声波传感器检测到距离障碍物250mm时，车转动1秒，继续前进，当车运动50秒时停止运动。参考程序如图2-146所示。

④ 任务三　TouchLED2显示红色，按下TouchLED2，TouchLED2显示绿色，车开始前进，同时超声波传感器左右摆动，当超声波传感器检测到距离障碍物200mm时，车后退2秒，再转动2秒，然后继续前进，如果再按下TouchLED2停止运动。参考程序如图2-147所示。

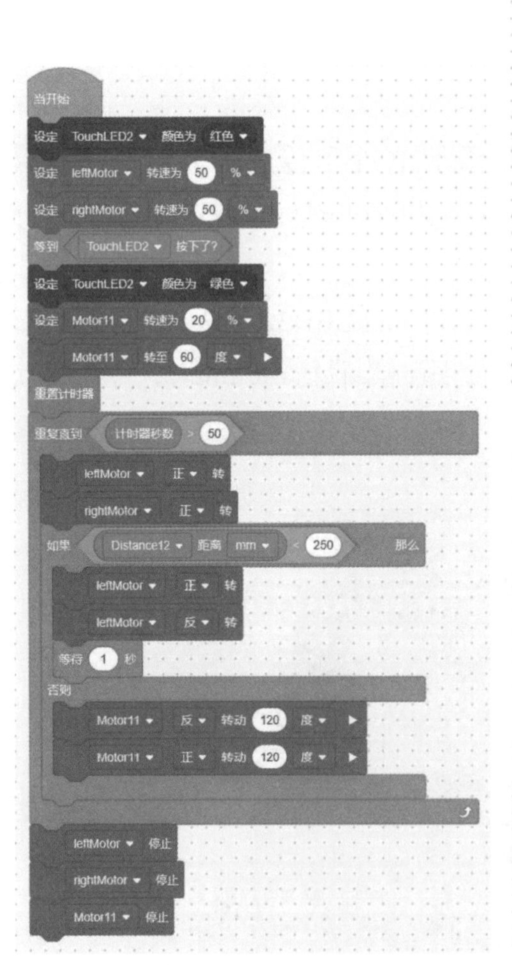

图2-146　任务二参考程序

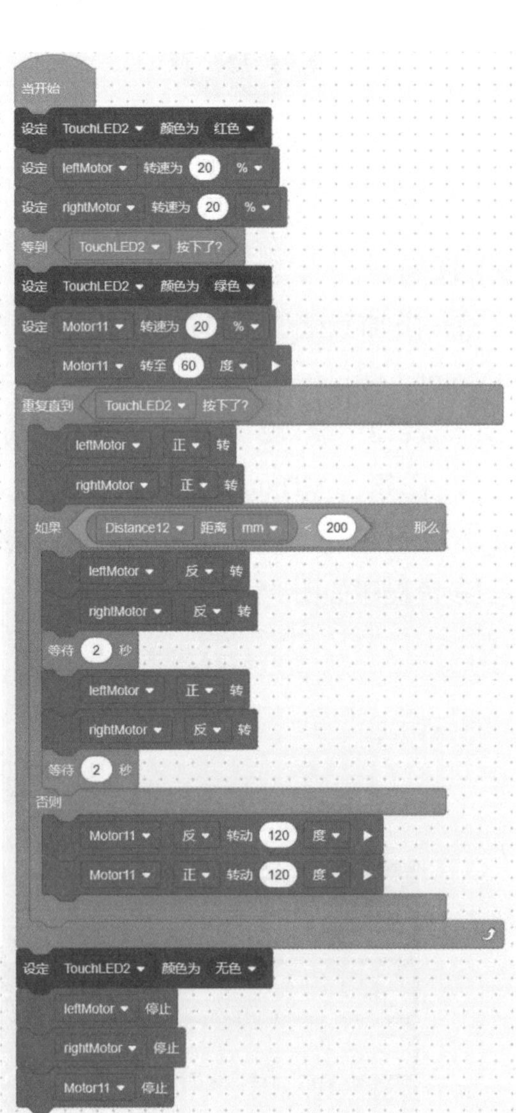

图2-147　任务三参考程序

（4）想一想

① 测一测，超声波传感器检测的最近距离是多少？

② 雷达车搭建中还有哪些问题？如何改进？

③ 如果按下TouchLED2，小车前进的同时检测前方障碍物，如果前方有障碍物，后退100mm，左转90度，继续前进，如何编程？

2.14 坦克

坦克由坦克武器系统、动力装置、防护系统、通信设备、电气设备及其他特种设备和装置组成，如图2-148所示。

坦克是采用履带行走的，为什么坦克不用车轮呢？

这是因为坦克很重，如果改用车轮，那么车轮与地面的接触面积就会很小，开在田野里很容易陷进去。坦克安上履带，轮子在履带里滚动，遇到沙地、雪地和泥地，宽宽的履带把坦克的重量分散了，车轮就像走在公路上一样方便。

让我们搭建一个如图2-149所示的坦克吧！

图2-148 坦克

图2-149 坦克模型

（1）模型搭建

坦克主要由车体、链轮以及炮台组成。

① 车体 用2个电机驱动，再安装主控制器。完成图如图2-150所示。

② 链轮 每侧排列4个链轮，一共8个链轮。其中4个16齿的链轮，4个32齿的链轮。完成图如图2-151所示。

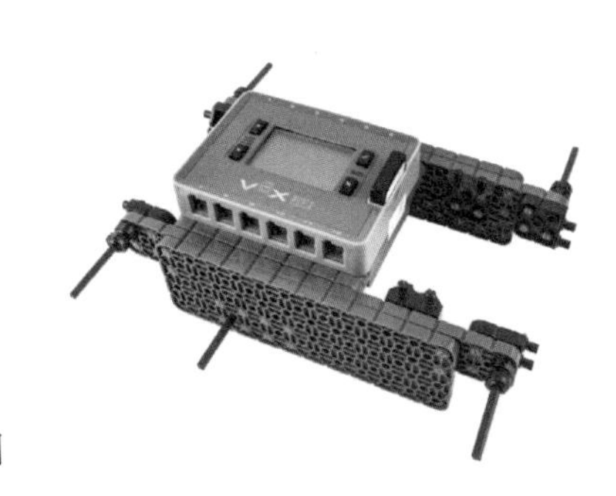

图2-150 坦克车体搭建

③ 炮台　主要用转台、2个60齿的齿轮、30度的弯梁和单孔梁搭建而成。完成图如图2-152所示。

④ 完成图　将炮台固定在车体上，在链轮上安装履带。完成图如图2-153所示。

图2-151　坦克链轮安装

图2-152　炮台发射机构

图2-153　完成图

（2）知识点

① 推力轴承的作用　用推力轴承做成的旋转台，转动起来更稳定，如图2-154所示。

② 履带的作用　坦克装上履带，是为了增大受力面积来减少压强，如图2-155所示。履带与地面的接触面积比轮子与地面的接触面积要大得多，用履带走泥泞路或沼泽地也不会陷下去。履带的越野能力比轮式的强，可以过沟、过矮墙，爬坡能力也很好，这些是轮式所不能比的，但在公路上履带式的坦克就跑不过轮式的了。

图2-154　转台搭建

图2-155　履带式坦克

（3）任务

① 添加设备　如图2-156所示，添加电机和传感器。

② 任务一　坦克前进2秒。参考程序如图2-157所示。

③ 任务二　炮台往返运动10次。参考程序如图2-158所示。

④ 任务三 TouchLED2显示绿色，TouchLED8显示红色。按下TouchLED2，TouchLED2显示无色，坦克开始前进，同时炮台左右摆动。当超声波传感器检测到距离障碍物300mm时，坦克后退2秒，再转动2秒，然后继续前进。如果按下TouchLED8坦克停止运动。参考程序如图2-159所示。

图2-156 电机和传感器设置

图2-157 任务一参考程序

图2-158 任务二参考程序

图2-159 任务三参考程序

（4）想一想

① 测一测，超声波传感器检测的最远距离是多少？

② 坦克搭建中还有哪些问题？如何改进？

③ 如果按下TouchLED2，坦克前进的同时检测前方障碍物，如果前方有障碍物时，后退200mm，右转90度继续前进，如何编程？

2.15 智能存钱罐

你有存钱罐吗？下面的小猪存钱罐（图2-160）漂亮吗？让我们搭建一个如图2-161所示的智能存钱罐吧！

图2-160　小猪存钱罐

图2-161　智能存钱罐模型

（1）模型搭建

智能存钱罐主要由底板、取钱门和存钱口组成。

① 底板　用12×12的方板、4×12的宽板和作为轨道的单孔梁搭建而成。完成图如图2-162所示。

② 取钱门　由固定在底板上的电机驱动齿数为24的齿轮，带动齿条水平往复运动，从而带动固定在齿条上的取钱门开合。完成图如图2-163所示。

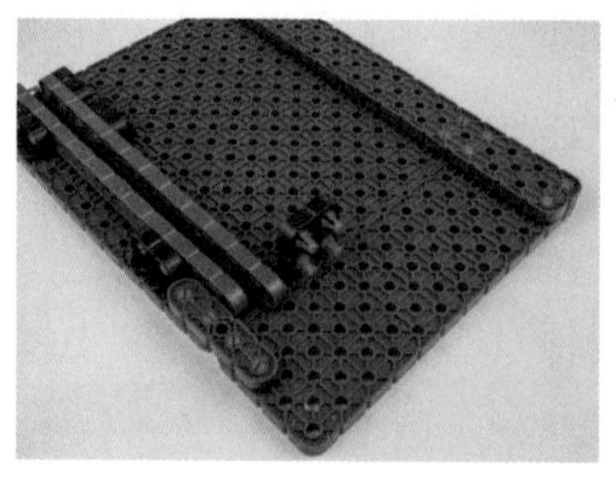

图2-162　底板

图2-163　取钱门的驱动搭建

③ 存钱口　电机带动4×12的板转动，可以实现存钱口的开合。完成图如图2-164所示。

④ 完成图　由宽板搭建箱体、前门和后门，再将控制器安装在顶板上。完成图如图2-165所示。

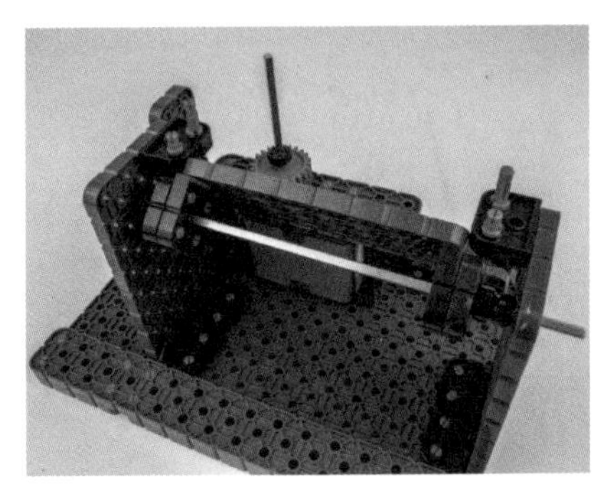

图2-164　存钱口

图2-165　完成图

（2）知识点

① 齿轮齿条的安装　后门上齿条的固定位置需要根据电机带动的双齿轮的高度而定，电机的安装位置与门轨道的安装位置应能保证齿轮齿条正确啮合。安装位置如图2-166所示。

图2-166　齿轮齿条的安装

② 存钱口的安装　存钱口的安装需要根据存钱口的位置确定，可以方便关闭和打开存钱口。

（3）任务

① 添加设备　如图2-167所示，添加电机和传感器：端口7–电机doorMotor；端口8–电机InputMotor；端口9–触碰传感器Bumper9；端口12–触碰传感器Bumper12。

② 任务一　用2个事件编程实现：按下Bumper12，存钱口打开，停留1秒，关闭。按下Bumper9，取钱门打开，停留1秒，关闭。参考程序如图2-168所示。

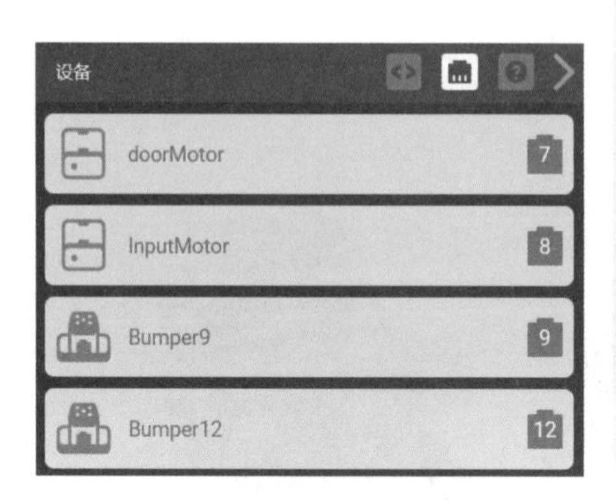

图2-167 添加电机和传感器

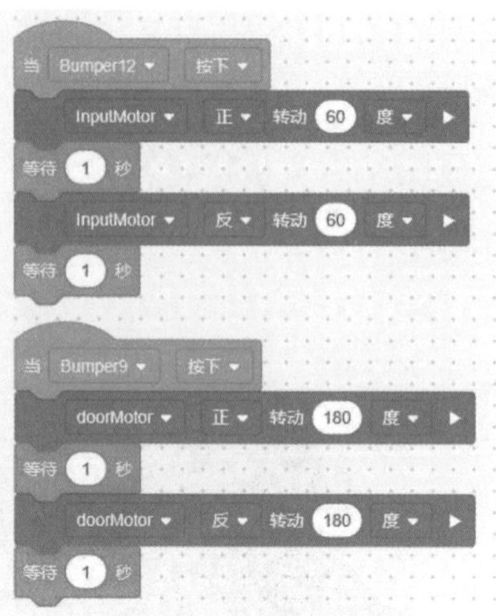

图2-168 任务一参考程序

③ 任务二 用2个任务编程实现：a.按下Bumper12，存钱口打开，再按下Bumper12，存钱口关闭；b.按下Bumper9，取钱门打开，再按下Bumper9，取钱门关闭。参考程序如图2-169所示。

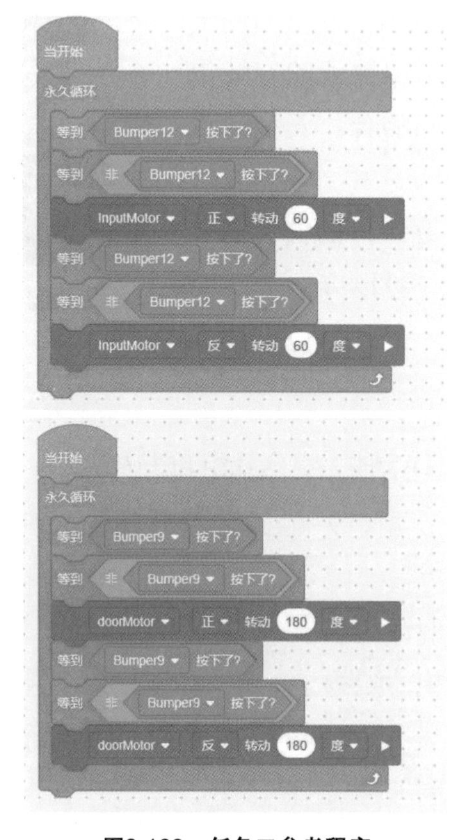

图2-169 任务二参考程序

④ 任务三　用一个任务编程实现：a.按下Bumper12，存钱口打开，再按下Bumper12，存钱口关闭；b.按下Bumper9，取钱门打开，再按下Bumper9，取钱门关闭。参考程序如图2-170所示。

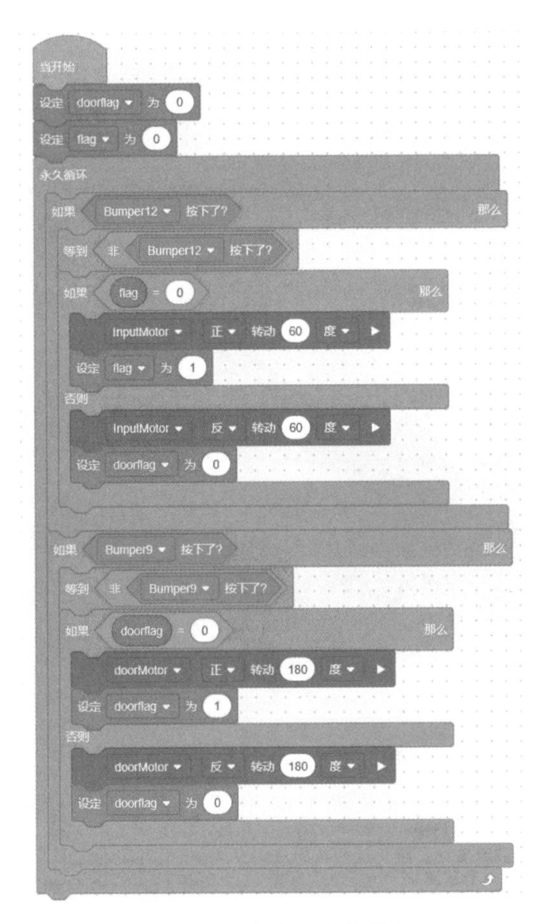

图2-170　任务三参考程序

(4) 想一想

① 测一测，取钱门最大打开多少毫米？

② 存钱罐搭建中还有哪些问题？如何改进？

③ 如果按下Bumper9，存钱口打开，同时取钱门也打开，如果按下Bumper12，存钱口关闭，同时取钱门也关闭，如何编程？

2.16 机关炮

机关炮（图2-171）通常装备在轻型装甲车辆（如步兵战车）、小型水面舰艇（如鱼雷艇）、固定翼飞机和武装直升机上，主要用于攻击轻型的活动目标，通常用作自卫。但有些场合，机关炮也被作为攻击装甲目标的武器，例如著名的A-10攻击机上，即以1门30mm机关炮作为攻击坦克的主要火力。

让我们搭建一个如图2-172所示的机关炮吧！

图2-171　机关炮

1—牵引杆，可折起；2—炮塔，可360度旋转；3—炮管支架，可折起；4—两侧支撑架，可折叠；5—两侧支撑杆，可伸缩

图2-172　机关炮模型

（1）模型搭建

机关炮主要由转台、底座、炮体和机械臂组成。

① 转台　采用推力轴承作为转台。完成图如图2-173所示。

图2-173　转台

② 底座 由2个4×6宽板、双格板和转台电机固定板组成。完成图如图2-174所示。

③ 炮体 电机驱动链轮，通过链条带动滚筒，使炮杆产生振动的效果。完成图如图2-175所示。

④ 机械臂 齿轮传动带动机械臂上升和下降。完成图如图2-176所示。

⑤ 完成图 将机械臂固定在底座上，再安装控制器。完成图如图2-172所示。

图2-174 底座

图2-175 炮体

图2-176 机械臂传动

(2) 知识点

① 链传动 电机驱动16齿的链轮，带动8齿的链轮，通过链条传动，实现滚筒的加速转动，如图2-177所示。如果电机输出速度为100，则滚筒的转速为200。

② 齿轮传动 机械臂电机驱动12齿的齿轮，带动60齿的齿轮，实现减速传动，增大机械臂的力矩，如图2-178所示。如果电机输出速度为100，则机械臂的速度为20。

图2-177 链传动

图2-178 齿轮传动

（3）任务

① 添加设备　如图2-179所示，添加电机和传感器：端口7–电机armMotor；端口8–电机turnMotor；端口9–电机gunMotor；端口1–触屏传感器TouchLED1。

② 任务一　按下TouchLED1，开炮射击2秒。参考程序如图2-180所示。

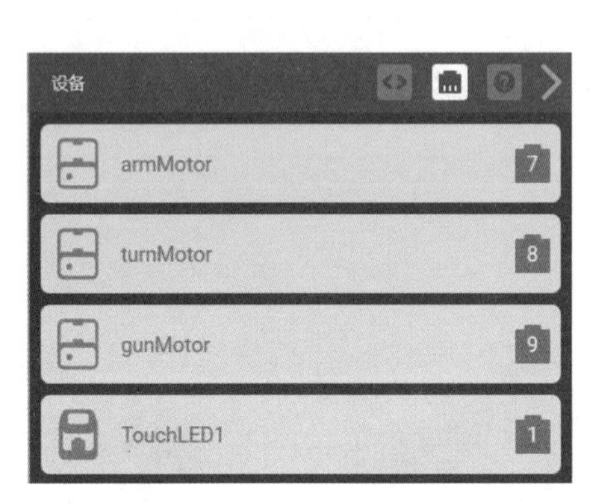

图2-179　添加电机和传感器

图2-180　任务一参考程序

③ 任务二　TouchLED1，机械臂抬起90度，开炮射击2秒停止，机械臂回到初始位。参考程序如图2-181所示。

④ 任务三　按下TouchLED1，转台开始左右摆动90度，机械臂上下升降90度，发射炮开始发射，当再次按下TouchLED1，停止发射。参考程序如图2-182～图2-184所示。

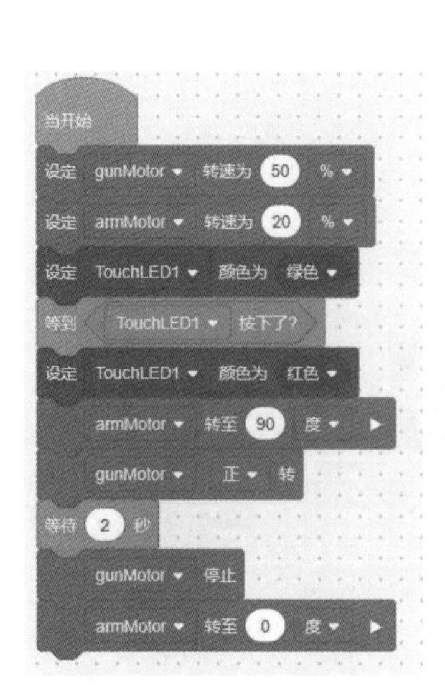

图2-181　任务二参考程序

图2-182　任务三参考程序1

```
当 TouchLED1 ▾ 按下 ▾
turnMotor ▾ 正 ▾ 转动 45 度 ▾ ▶
永久循环
  如果 < TouchLED1 ▾ 按下了? > 那么
    等到 < 非 < TouchLED1 ▾ 按下了? > >
    退出循环
  否则
    turnMotor ▾ 反 ▾ 转动 90 度 ▾ ▶
    turnMotor ▾ 正 ▾ 转动 90 度 ▾ ▶
turnMotor ▾ 停止
```

图2-183　任务三参考程序2

```
当 TouchLED1 ▾ 按下 ▾
永久循环
  如果 < TouchLED1 ▾ 按下了? > 那么
    等到 < 非 < TouchLED1 ▾ 按下了? > >
    退出循环
  否则
    armMotor ▾ 转至 0 度 ▾ ▶
    armMotor ▾ 转至 90 度 ▾ ▶
armMotor ▾ 停止
```

图2-184　任务三参考程序3

（4）想一想

① 测一测，机械臂抬高多少合适？转台摆动多少合理？

② 机关炮搭建中还有哪些问题？如何改进？

③ 如果按下TouchLED1，转台左右摆动100度，机械臂提升到100度，开始发炮5秒后停止，机械臂回到初始位。如何编程？

2.17 检票口

检票口分进站检票口和出站检票口（图2-185）。前者设在旅客由候车室（厅）分线进入站场的各个入口处，后者设在旅客出站处。

让我们搭建一个如图2-186所示的检票口吧！

图2-185　检票口

图2-186　检票口模型

（1）模型搭建

检票口主要由传动齿轮、轨道、摩擦轮组成。

① 传动齿轮　3个36齿的传动齿轮，带动2个摩擦轮运动。完成图如图2-187所示。

② 轨道　用单孔梁和支撑柱搭建而成。完成图如图2-188所示。

③ 摩擦轮　用4个胶轮作为摩擦轮。完成图如图2-189所示。

④ 完成图　将轨道、摩擦轮装配在一起，固定在底座上，再在底板上固定控制器。完成图如图2-190所示。

图2-187　齿轮传动

图2-188　轨道搭建

图2-189　摩擦轮搭建

图2-190　完成图

（2）知识点

① 胶轮的安装　胶轮和轨道之间的最小间距正好可以通过一张票，当胶轮滚动时，正好带动票移动，如图2-191所示。

② 齿轮传动　第一排胶轮将票带入轨道，通过3个齿轮传动，带动第二排胶轮，使票滑出轨道，如图2-192所示。

图2-191 胶轮的安装

图2-192 齿轮传动

(3)任务

① 添加设备　如图2-193所示，添加电机和传感器：端口12–电机Motor12；端口11–颜色传感器Color11；端口8–触屏传感器TouchLED8；端口7–超声波传感器Distance7。

② 任务一　启动程序，TouchLED8显示黄色；按下触屏TouchLED8，TouchLED8显示蓝色，票通过。参考程序如图2-194所示。

图2-193 添加电机和传感器

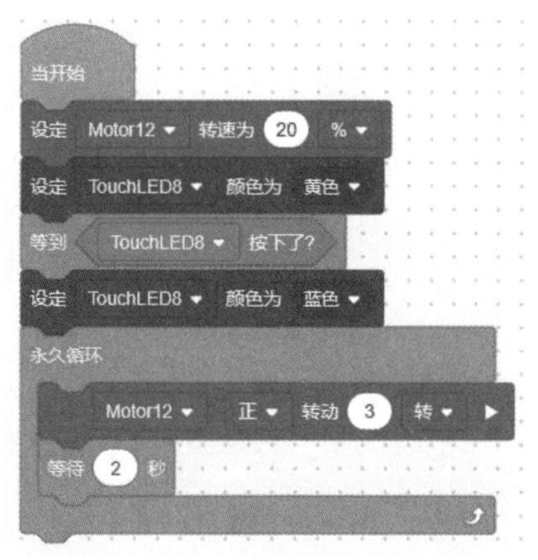

图2-194 任务一参考程序

③ 任务二　启动程序，TouchLED8显示黄色，按下TouchLED8，TouchLED8闪烁蓝色，等待2秒，电机转动250度，将票移进检票口，装在检票口中间的颜色传感器如果检测票为黑色（视为真票），则让票通过检票口，如果检测票为白色（视为假票），则退出检票口。参考程序如图2-195所示。

④ 任务三　启动程序，TouchLED8显示黄色，按下TouchLED8，TouchLED8显示蓝色，超声波传感器检测到名片，显示紫红色，将票送入检票口，等待1秒，等待检测票的真假。当颜色传感器检测到黑色票时，认为是真票，通过。当颜色传感器检测到白色时，认为是假票，退回。未检测到，TouchLED8显示蓝色，等待检票。参考程序如图2-196所示。

图2-195　任务二参考程序

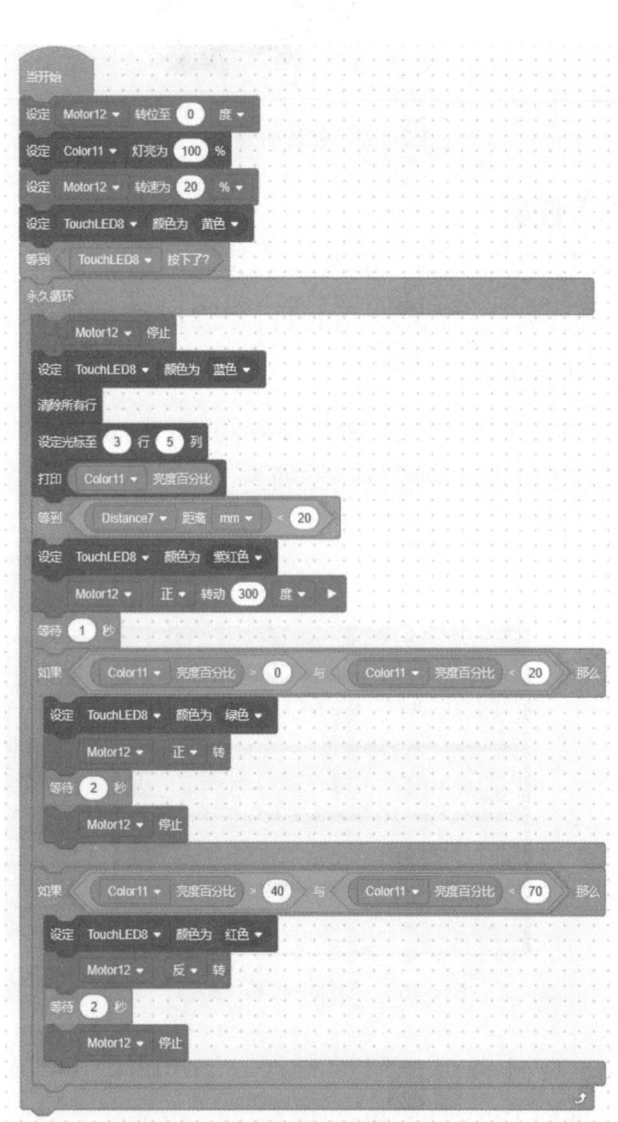

图2-196　任务三参考程序

（4）想一想

① 测一测，电机转动速度为30，票移到检票口中间，电机需要转动多少度？

② 检票口搭建中还有哪些问题？如何改进？

③ 如果按下TouchLED8，检票口开始工作，票为红色通过，票为黄色退回。如何编程？

2.18 直升机

如图2-197所示，直升机主要由机体和升力（含旋翼和尾桨）、动力、传动三大系统以及机载飞行设备等组成。旋翼一般由涡轮轴发动机或活塞式发动机通过由传动轴及减速器等组成的机械传动系统驱动，也可由桨尖喷气产生的反作用力来驱动。直升机分为常规直升机与倾转旋翼机、高速直升机、隐形直升机。按大小则分轻型直升机、中型直升机、重型直升机。

让我们搭建一个如图2-198所示的直升机吧！

图2-197 直升机

图2-198 直升机模型

（1）模型搭建

直升机主要由直升机主体、尾部旋翼电机、顶部旋翼、直升机头部和直升机尾部组成。

① 直升机主体 直升机主体用主控制器作为机身的一部分，用单孔梁和90度倒角弯梁搭建而成。完成图如图2-199所示。

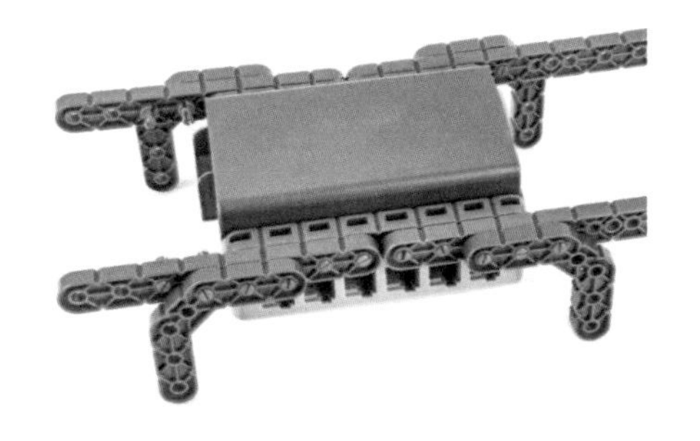

图2-199 直升机主体

② 尾部旋翼电机 螺旋桨电机固定在一个双格板上，再固定在直升机主体上。完成图如图2-200所示。

③ 顶部旋翼　用60齿的齿轮和3根单孔梁搭建而成。完成图如图2-201所示。

④ 直升机头部　用单孔梁、支撑柱和2个60度弯梁搭建而成。完成图如图2-202所示。

⑤ 直升机尾部　用单孔梁和支撑柱搭建，尾部旋翼用50齿的齿轮和3个45度弯梁搭建而成。完成图如图2-203所示。

⑥ 完成图　将直升机头部、尾部、顶部旋翼与主体装配在一起。完成图如图2-204所示。

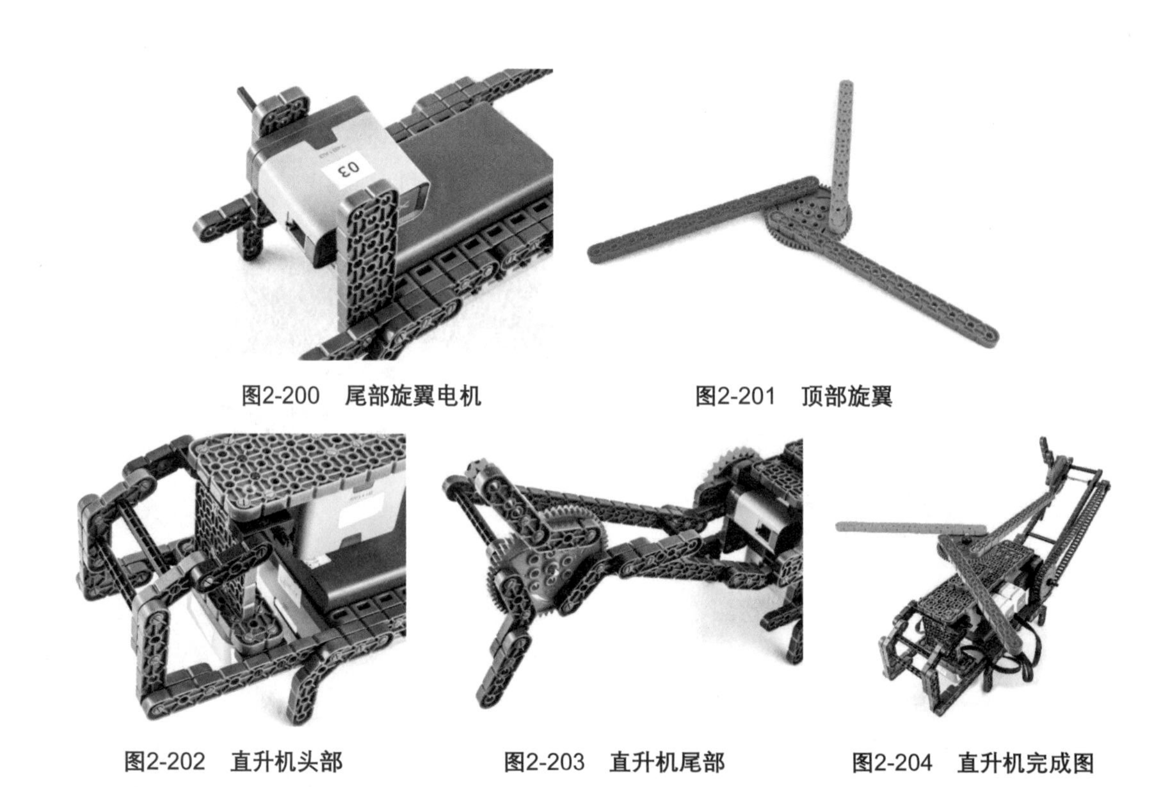

图2-200　尾部旋翼电机

图2-201　顶部旋翼

图2-202　直升机头部

图2-203　直升机尾部

图2-204　直升机完成图

（2）知识点

① 电机驱动　用1个电机直接驱动顶部旋翼，电机垂直向上安装在直升机的主体上，用1个电机驱动尾部旋翼，采用链传动带动尾部旋翼旋转，如图2-205所示。

② 链传动　直升机尾部旋翼采用链传动带动旋转。电机驱动32齿的链轮，带动8齿的链轮，实现加速传动，当电机输出速度为100时，尾部旋翼的转动速度为400，如图2-206所示。

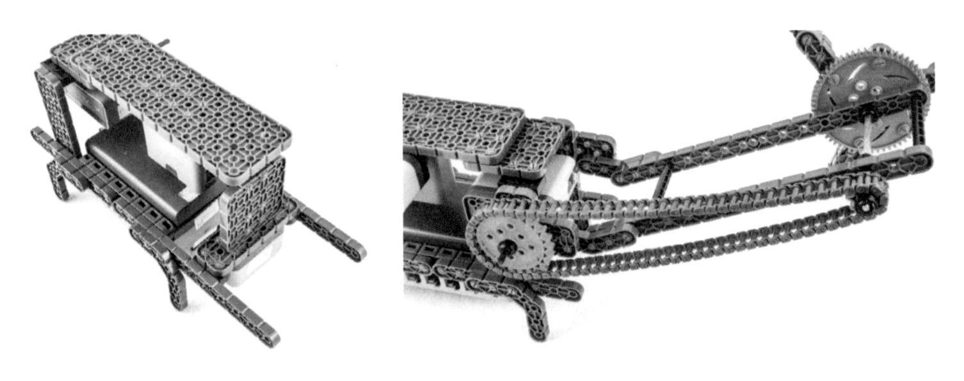

图2-205 电机驱动安装方式　　　图2-206 链传动方式

（3）任务

① 添加设备　如图2-207所示，添加电机和传感器：端口7–电机QMotor；端口12–电机HMotor；端口2–触屏传感器TouchLED2；端口3–触屏传感器TouchLED3；端口1–超声波传感器Distance1。

② 任务一　启动程序，触屏传感器TouchLED2亮绿色，触屏传感器TouchLED3亮红色。按下TouchLED2，两电机以50的速度转动，按下TouchLED3，停止转动。参考程序如图2-208所示。

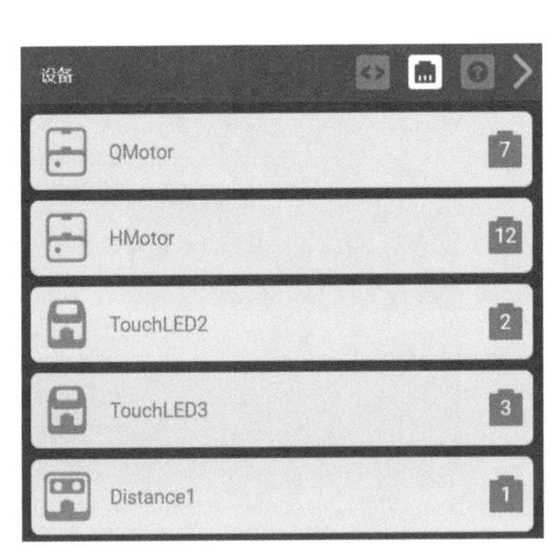

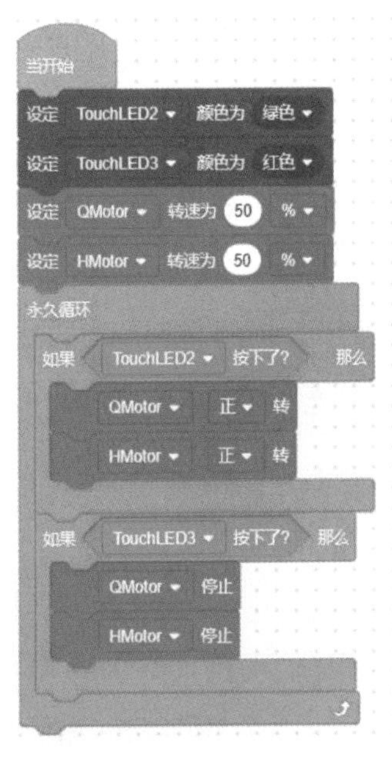

图2-207 电机和传感器设置　　　图2-208 任务一参考程序

③ 任务二　启动程序，触屏传感器TouchLED2显示绿色，触屏传感器TouchLED3显示红色。

a. 如果按下TouchLED2，电机每2分钟增速10，两电机转动越来越快，触屏传感器TouchLED2显示无色，触屏传感器TouchLED3显示无色；

b. 如果按下TouchLED3，电机每2分钟减速10，两电机转动越来越慢，触屏传感器TouchLED2显示无色，触屏传感器TouchLED3显示无色。

参考程序如图2-209所示。

④ 任务三　启动程序，触屏传感器TouchLED2显示绿色，触屏传感器TouchLED3显示红色。

a. 按下触屏传感器TouchLED2，两电机转动，转速随着超声波传感器检测到的距离的远近变化而变化，距离远速度快，距离近速度慢。

b. 按下TouchLED3，跳出循环，电机停止旋转。

参考程序如图2-210所示。

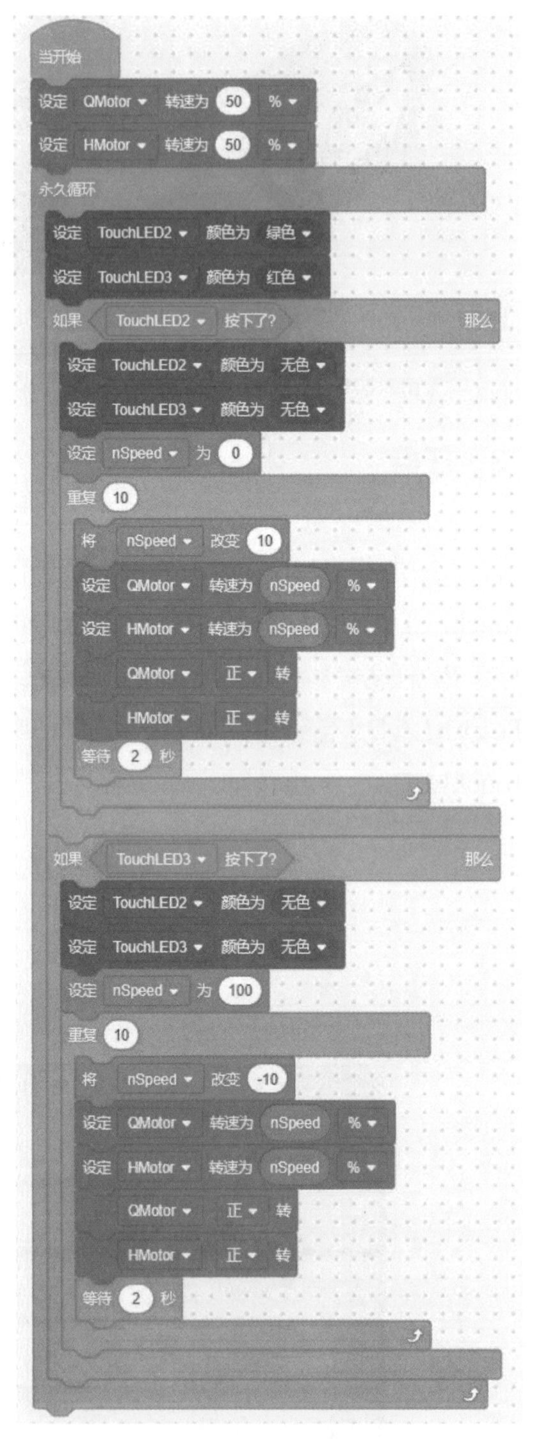

图2-209　任务二参考程序

（4）想一想

① 观察一下，超声波传感器检测距离是如何控制电机转动的快慢的?

② 直升机搭建中还有哪些问题?如何改进?

③ 如果按下TouchLED2，两电机均正转，速度为100，再按下TouchLED3，两电机均反转，速度为50。如何编程?

```
当开始
设定 nSpeed 为 0
设定 TouchLED2 颜色为 绿色
设定 TouchLED3 颜色为 红色
设定 QMotor 转速为 50 %
设定 HMotor 转速为 50 %
等到 TouchLED2 按下了?
设定 TouchLED2 颜色为 黄色
永久循环
    如果 TouchLED3 按下了? 那么
        退出循环
    否则
        设定 nSpeed 为 Distance1 距离 mm
        设定 QMotor 转速为 nSpeed %
        设定 nSpeed 为 Distance1 距离 mm / 2
        设定 HMotor 转位至 nSpeed 度
        QMotor 正 转
        HMotor 正 转
    等待 0.1 秒
设定 TouchLED2 颜色为 无色
设定 TouchLED3 颜色为 无色
QMotor 停止
HMotor 停止
```

图2-210 任务三参考程序

2.19 螺旋桨飞机

螺旋桨飞机（propeller airplane），是指用空气螺旋桨将发动机的功率转化为推进力的飞机。从第一架飞机诞生直到第二次世界大战结束，几乎所有的飞机都是螺旋桨飞机。在现代飞机中除超声速飞机和高亚声速干线客机外，螺旋桨飞机仍占有重要地位。支线客机和大部分通用航空中使用的飞机的共同特点是飞机重量和尺寸不大、飞行速度较小和高度较低，要求有良好的低速和起

降性能。螺旋桨飞机能够较好地适应这些要求。

我们来制作一个如图2-211所示的螺旋桨飞机吧！

图2-211　螺旋桨飞机模型

（1）模型搭建

螺旋桨飞机主要由飞机底盘、起落架、螺旋桨、滑动机构、机身组成。

① 飞机底盘　主控制器安装在底盘上，电机提供起落运动时的动力。完成图如图2-212所示。

② 起落架　电机驱动飞机起落架的展开与收起，底盘前轮采用周长为200mm的胶轮，后轮采用周长为100mm的2个胶轮，完成图如图2-213所示。

③ 螺旋桨　螺旋桨用齿轮和单孔梁搭建，下方安装驱动电机。完成图如图2-214所示。

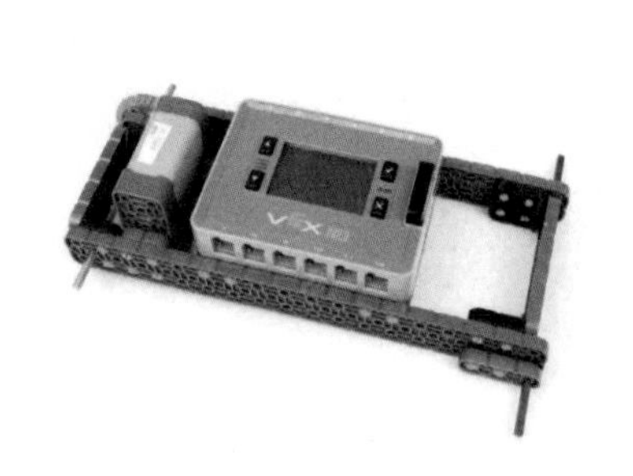

图2-212　飞机底盘

图2-213　飞机起落架机构

图2-214　螺旋桨

④ 滑动机构　用双格板搭建而成，安装两个周长为100mm的胶轮。完成图如图2-215所示。

⑤ 机身　用双格板和支撑柱搭建机身。完成图如图2-216所示。

⑥ 完成图　将起落架、滑动机构、螺旋桨与机身装配在一起，添加飞机机翼和传感器。完成图如图2-217所示。

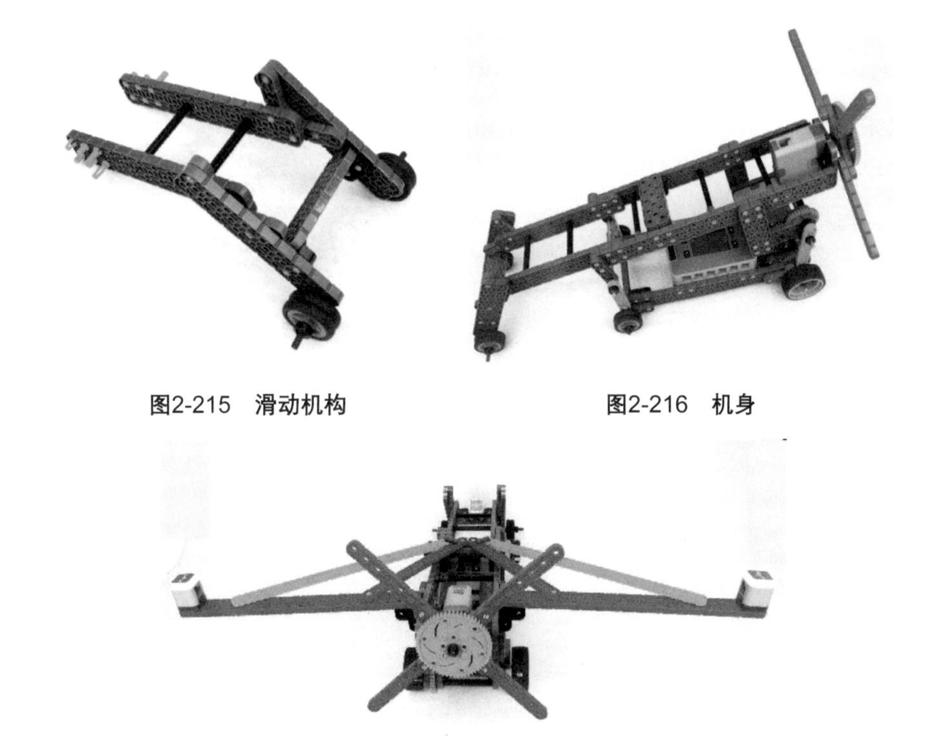

图2-215　滑动机构

图2-216　机身

图2-217　螺旋桨飞机完成图

(2) 知识点

① 滑行电机驱动　用1个电机驱动12齿的齿轮，带动36齿的齿轮，齿轮带动飞机运动，如图2-218所示。

② 起落架电机驱动　用1个电机驱动12齿的齿轮，带动36齿的齿轮，齿轮带动连杆摆动，如图2-219所示。

图2-218　滑行电机驱动

图2-219　起落架电机驱动

（3）任务

① 添加设备　如图2-220所示，添加电机和传感器：端口5-电机propellerMotor；端口6-电机upMotor；端口12-电机moveMotor；端口4-触屏传感器leftTouchLED；端口10-触屏传感器rightTouchLED；端口1-触屏传感器onTouchLED；端口9-触屏传感器offTouchLED。

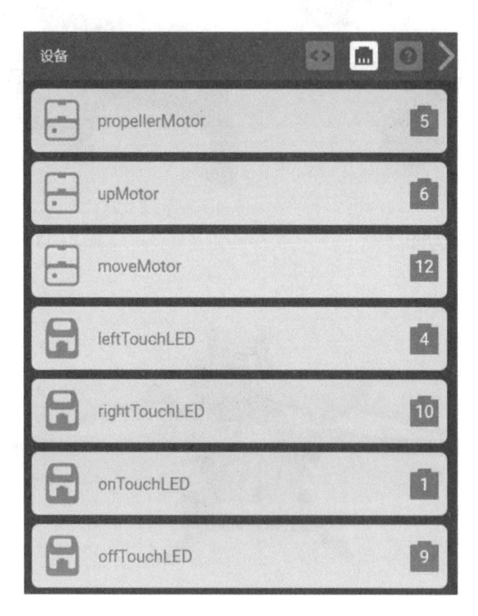

图2-220　添加电机和传感器

② 任务一　启动程序，触屏传感器onTouchLED显示绿色，触屏传感器offTouchLED显示黄色。

a. 按下触屏传感器onTouchLED，触屏传感器leftTouchLED闪烁红光、触屏传感器rightTouchLED闪烁红光，起落架抬起。

b. 按下触屏传感器offTouchLED，起落架落下，触屏传感器leftTouchLED显示无色、触屏传感器rightTouchLED显示无色。

参考程序如图2-221所示。

③ 任务二　启动程序，触屏传感器onTouchLED显示绿色，触屏传感器offTouchLED显示黄色。按下触屏传感器onTouchLED，触屏传感器leftTouchLED闪烁红光、触屏传感器rightTouchLED闪烁红光。螺旋桨转动，起落架抬起，前进2秒，停止运动，螺旋桨停止转动，收起起落架，4个触屏传感器均显示无色。参考程序如图2-222所示。

图2-221 任务一参考程序　　**图2-222 任务二参考程序**

④ 任务三　启动程序，触屏传感器onTouchLED显示绿色，触屏传感器offTouchLED显示黄色。

a. 按下触屏传感器onTouchLED，触屏传感器leftTouchLED闪烁红光、触屏传感器rightTouchLED闪烁红光。螺旋桨转动起来，起落架抬起，飞机前进。

b. 按下触屏传感器offTouchLED，飞机停止运动，螺旋桨停止转动，收起起落架，4个触屏传感器均显示无色。

参考程序如图2-223所示。

```
当开始
设定 onTouchLED ▾ 颜色为 绿色 ▾
设定 offTouchLED ▾ 颜色为 黄色 ▾
设定 propellerMotor ▾ 转速为 50 % ▾
等到 onTouchLED ▾ 按下了?
等到 非 onTouchLED ▾ 按下了?
upMotor ▾ 转至 150 度 ▾ ▶
永久循环
  如果 offTouchLED ▾ 按下了? 那么
    等到 非 offTouchLED ▾ 按下了?
    退出循环
  否则
    moveMotor ▾ 正 ▾ 转
    propellerMotor ▾ 正 ▾ 转
moveMotor ▾ 停止
propellerMotor ▾ 停止
upMotor ▾ 转至 0 度 ▾ ◀并且不等待
设定 onTouchLED ▾ 颜色为 无色 ▾
设定 offTouchLED ▾ 颜色为 无色 ▾

当 onTouchLED ▾ 按下 ▾
设定 leftTouchLED ▾ 颜色为 红色 ▾
设定 rightTouchLED ▾ 颜色为 红色 ▾
永久循环
  设定 leftTouchLED ▾ 亮度为 10 %
  设定 rightTouchLED ▾ 亮度为 10 %
  等待 0.1 秒
  设定 leftTouchLED ▾ 亮度为 100 %
  设定 rightTouchLED ▾ 亮度为 100 %
  等待 0.1 秒

当 offTouchLED ▾ 按下 ▾
设定 leftTouchLED ▾ 颜色为 无色 ▾
设定 rightTouchLED ▾ 颜色为 无色 ▾
```

图2-223　任务三参考程序

（4）想一想

① 测一测，飞机起落架抬起的最大角度是多少？

② 螺旋桨飞机搭建中还有哪些问题？如何改进？

③ 如果按下onTouchLED，飞机机翼的两个触屏传感器闪烁绿色，起落架抬起，螺旋桨转动，飞机开始前进600mm，停留2秒，后退2秒，停止运动，螺旋桨停止转动，起落架回到初始位置。如何编程？

2.20 小球过山车

如图2-224所示，过山车（roller coaster，又称云霄飞车），是一种机动游乐设施，常见于游乐园和主题乐园中。过山车虽然惊悚恐怖，但还是非常安全的设施，深受很多小朋友的喜爱。

我们来制作一个如图2-225所示的小球过山车吧！

图2-224 过山车

图2-225 小球过山车

（1）模型搭建

小球过山车主要由底盘、固定轨道和起落轨道组成。

① 底盘 由6个4×12的宽板搭建而成。完成图如图2-226所示。

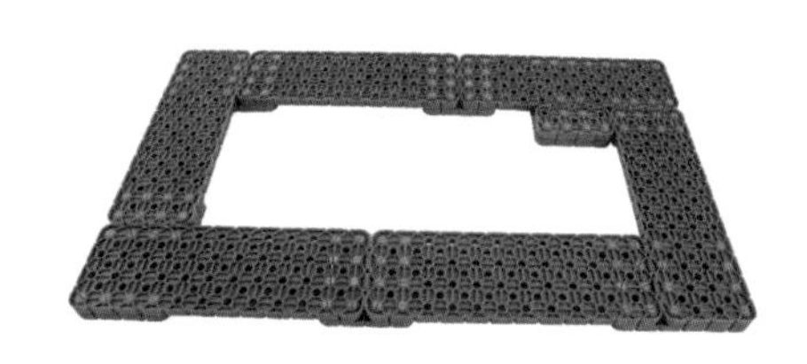

图2-226 底盘搭建

② 固定轨道 主要由单孔梁和支撑柱搭建，轨道的宽度根据滚动的小球的大小决定，本例使用的是直径为25mm的小球。完成图如图2-227所示。

③ 起落轨道 由单孔梁、90度倒角弯梁和支撑柱搭建而成，在一端固定2个三孔轴梁，用来与电机轴配合，以便电机带动起落轨道上下运动。完成图如图2-228所示。

④ 完成图 将固定轨道、起落轨道均固定在底盘上，再安装上控制器、电机和传感器。完成图如图2-225所示。

图2-227 固定轨道

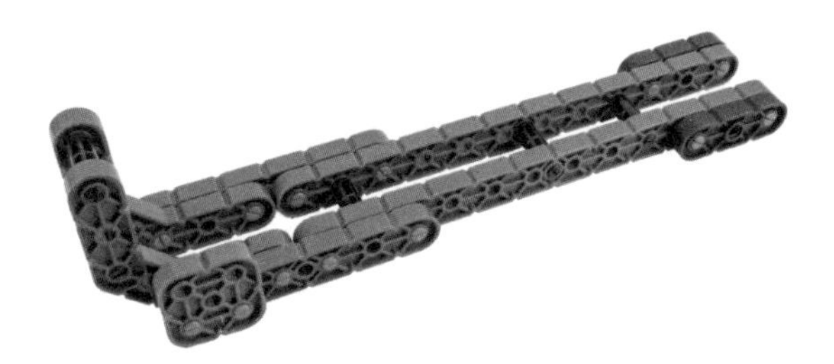

图2-228 起落轨道

（2）知识点

① 起落电机轨道安装　电机安装在两个双格板搭建的立柱上，通过三孔轴梁带动起落轨道上下运动，如图2-229所示。

② TouchLED的安装位置　为了增加效果，在轨道的拐角处安装3个传感器。作为开关的TouchLED安装在底盘上，如图2-230所示。

图2-229　起落电机轨道安装

图2-230　TouchLED的安装位置

（3）任务

① 添加设备　如图2-231所示，添加电机和传感器：端口1–电机Motor1；端口2–触屏传感器TouchLED2；端口3–触屏传感器TouchLED3；端口4–触屏传感器TouchLED4；端口7–触屏传感器onTouchLED。

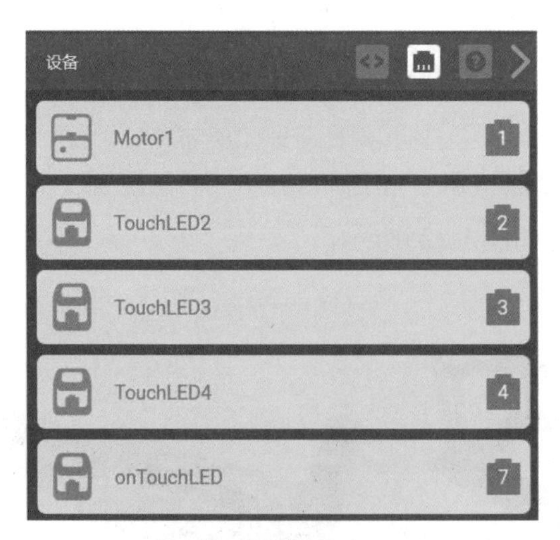

图2-231　电机和传感器设置

② 任务一　启动程序，onTouchLED 显示绿色，TouchLED4 闪烁红色，TouchLED3闪烁绿色，TouchLED2 闪烁黄色。当按下onTouchLED时，

onTouchLED 显示红色，电机速度为30，小球开始循环运动。参考程序如图2-232所示。

③ 任务二　启动程序，onTouchLED显示绿色，当按下onTouchLED时，onTouchLED 显示红色，小球循环运动，到达每个灯的位置时，该灯显示一种颜色，当后一个灯亮时前一个灯关闭。再次按下onTouchLED 时重新循环运动。参考程序如图2-233所示。

④ 任务三　启动程序，onTouchLED显示绿色，当按下onTouchLED时，onTouchLED 显示红色。小球循环运动，到达每个灯的位置时，该灯显示一种颜色。再次按下onTouchLED 时重新循环运动。参考程序如图2-234所示。

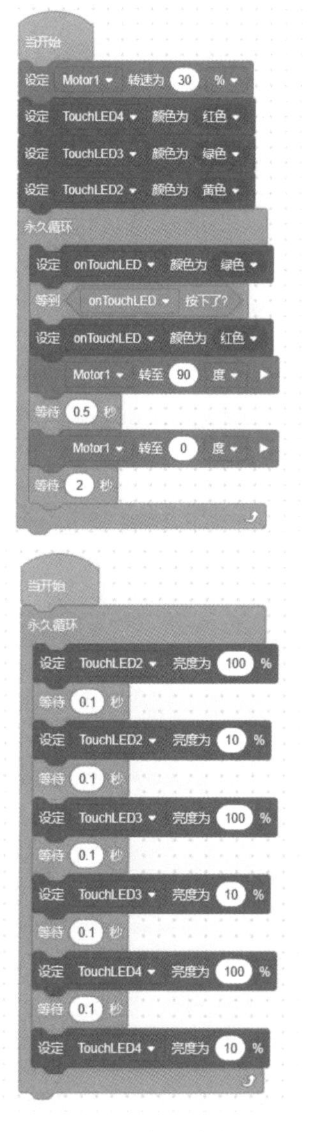

图2-232　任务一参考程序

```
当开始
设定 Motor1 转速为 30 %
永久循环
  设定 onTouchLED 颜色为 绿色
  等到 onTouchLED 按下了?
  设定 onTouchLED 颜色为 红色
  Motor1 转至 90 度
  等待 0.5 秒
  设定 TouchLED4 颜色为 黄色
  Motor1 转至 0 度
  等待 0.5 秒
  设定 TouchLED3 颜色为 橙色
  设定 TouchLED4 颜色为 无色
  等待 0.5 秒
  设定 TouchLED2 颜色为 紫红色
  设定 TouchLED3 颜色为 无色
  等待 1.3 秒
  设定 TouchLED2 颜色为 无色
```

图2-233　任务二参考程序

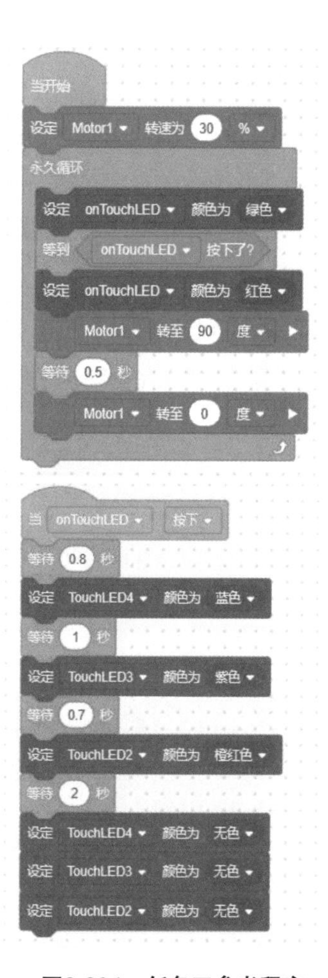

图2-234　任务三参考程序

（4）想一想

① 测一测，如果电机速度为50，起落轨道需要多长时间将球传到下一个轨道?

② 小球过山车搭建中还有哪些问题?如何改进?

③ 如果按下onTouchLED，电机以50的速度抬起起落轨道，TouchLED2、TouchLED3、TouchLED4同时闪烁不同颜色的光，如何编程?

第3章

VEXCode VR软件

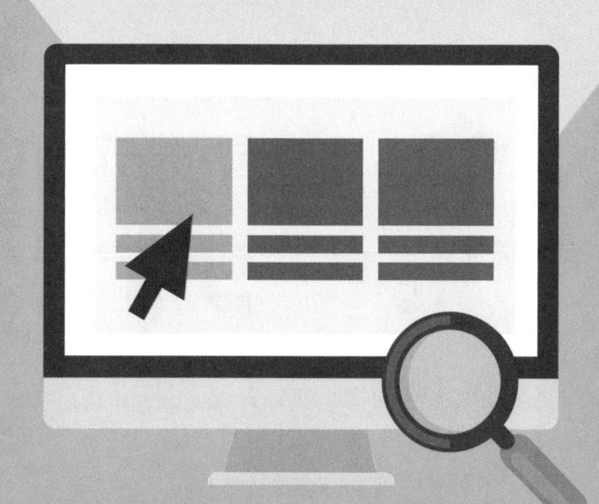

3.1 VEXCode VR编程环境介绍

VEXCode VR软件是一款网络在线软件。VEXCode VR基于VEXCode，允许使用基于块的编码环境对虚拟机器人进行编程。其编程界面如图3-1所示。

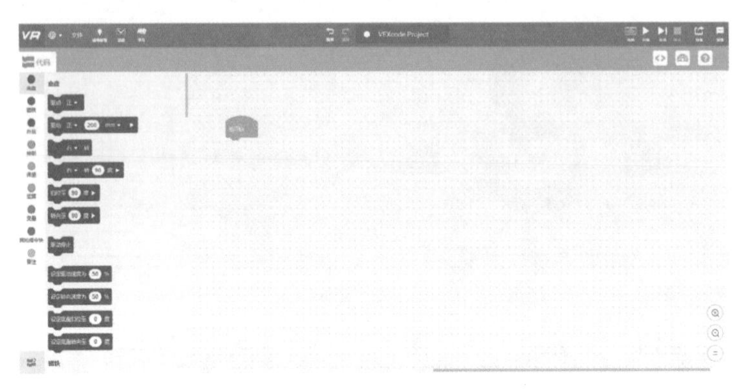

图3-1 编程界面

3.1.1 虚拟机器人

虚拟机器人（如图3-2所示）由电机驱动，装有超声波传感器、触碰传感器、视觉传感器和陀螺仪。它可以用笔在画布上绘制有创意的图画，还可以在挑战赛中使用磁铁完成各种任务挑战赛。

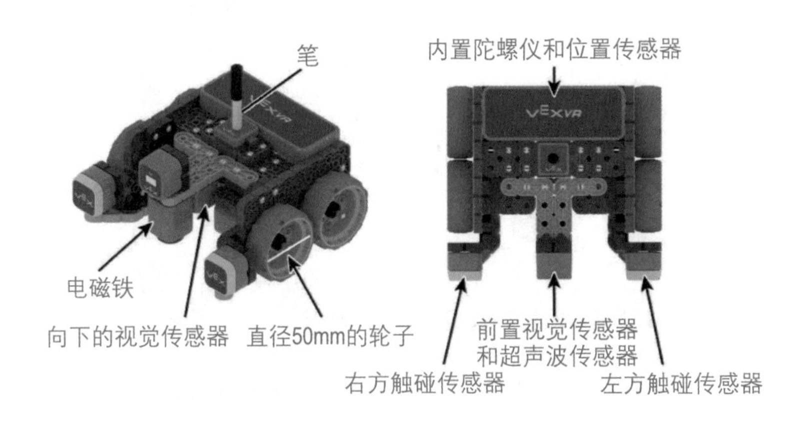

图3-2 虚拟机器人

3.1.2 虚拟场地

虚拟场地包括网格地面、画布和磁碟迷宫等，如图3-3所示。场地上方实时显示各种数据。机器人可以在不同的场地上调试程序。机器人在执行程序时可以从不同视角观察机器人运动状态。

①网格地面　直行、转弯、各种传感器测试场地。场地上方实时显示虚拟机器人的运行状态信息，如图3-4所示。

②围墙迷宫　测试用超声波传感器走迷宫游戏等。可以从不同视角观察场地情况。如图3-5所示为场地俯视图，如图3-6所示为场地三维显示。

③画布场地　在画布上绘制各种图案，如图3-7所示。

④数格地面　数格地面有1～100数字，可以执行与数字有关的游戏。例如给机器人经过的1～100的数字做标记、给奇数做标记、给质数做标记等，如图3-8所示。

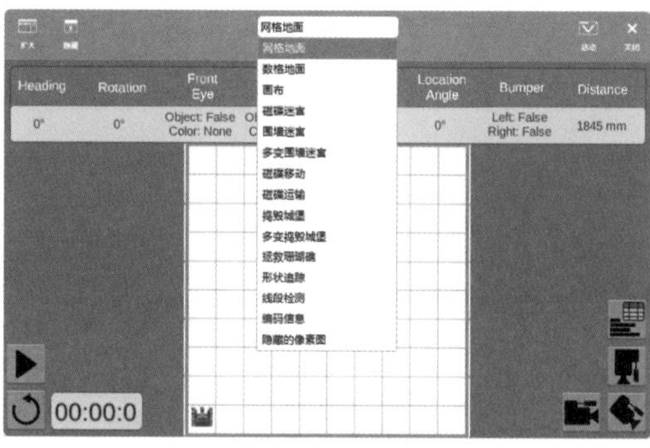

图3-3　场地种类

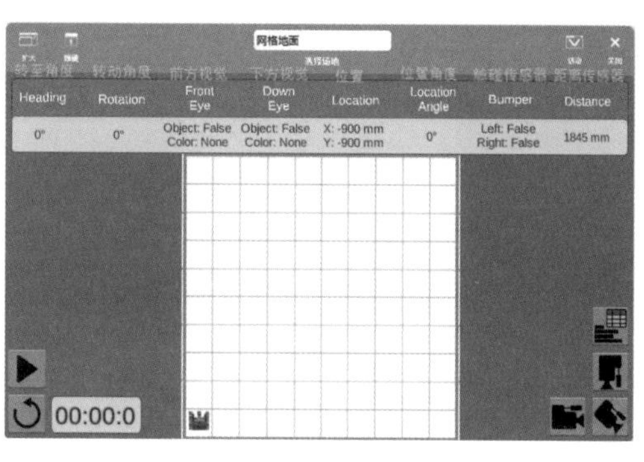

图3-4　网格场地

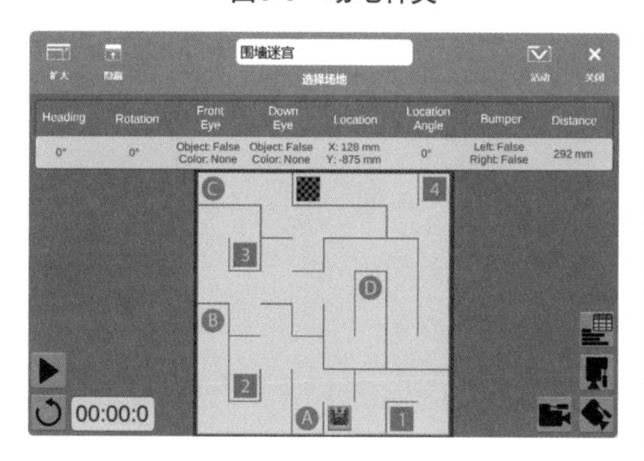

图3-5　围墙迷宫的俯视图

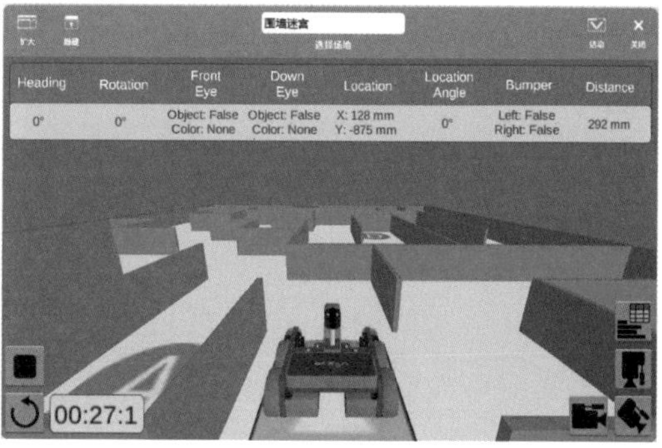

图3-6　围墙迷宫三维显示

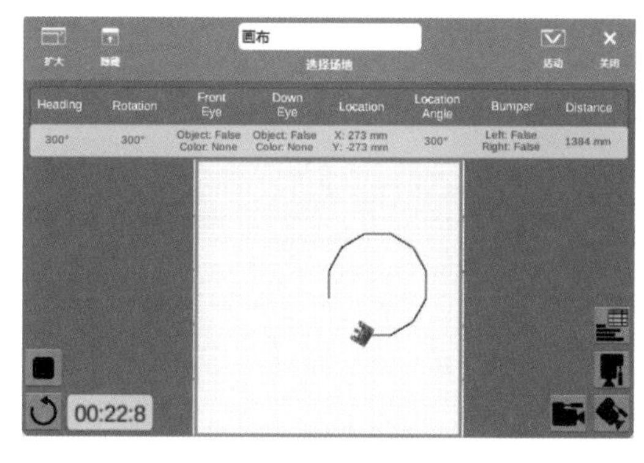

图3-7　绘制图形

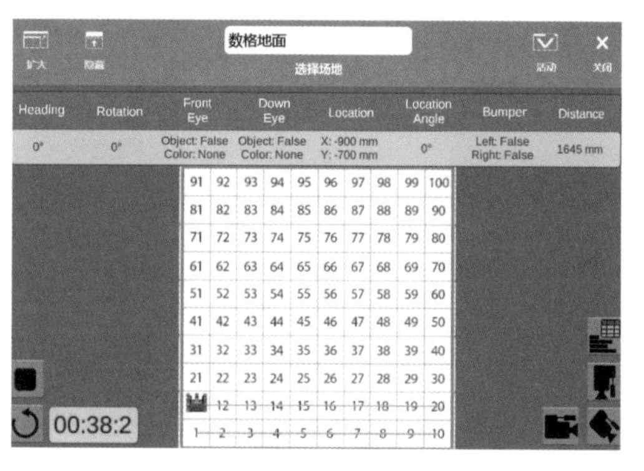

图3-8　数格地面

⑤ 游戏场地，如拯救珊瑚礁　通过编程进行游戏互动，如图3-9所示。

⑥ 任务挑战赛，如磁碟移动　通过磁铁携带物品到指定基地，从而完成各种挑战任务，如图3-10所示。

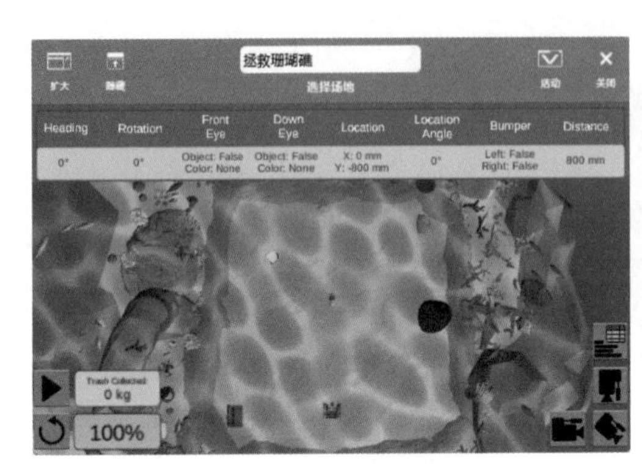

图3-9　拯救珊瑚礁

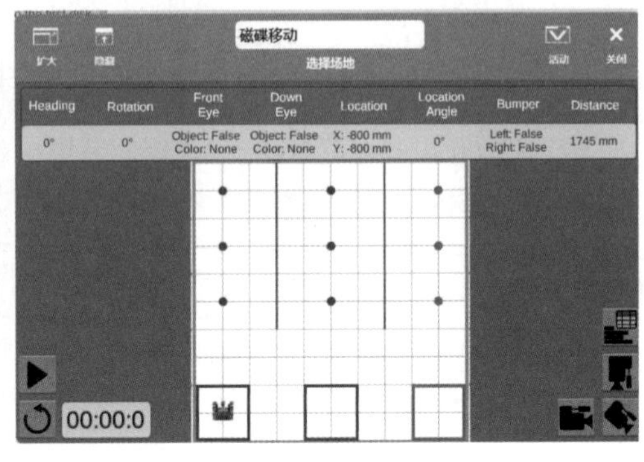

图3-10　磁碟移动

3.1.3 编程、运行和保存

实例1　虚拟机器人以100的速度前进400mm，以70的速度右转90度，前进400mm，以40的速度左转90度，以50的速度后退400mm。

① 程序设计　参考程序如图3-11所示。

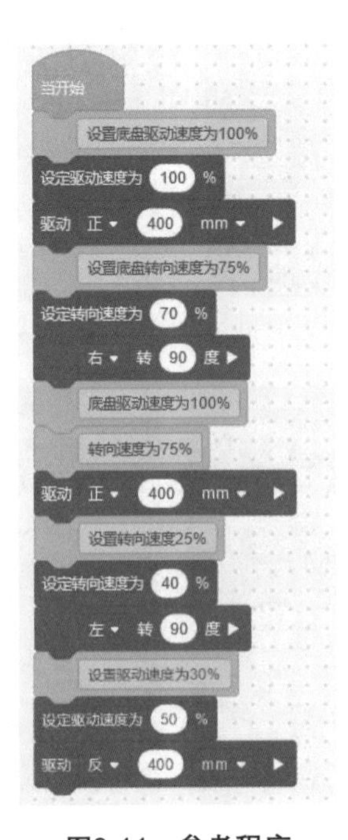

图3-11　参考程序

② 选择网格地面　每个网格长度为200mm，起始位置在场地的左下角，如图3-12所示。

③ 运行程序　点击图标 ▶，机器人开始执行程序。运行完毕，机器人停留在如图3-13所示的位置。如果再次运行程序，点击重置按钮 ↻，可以重复执行程序。

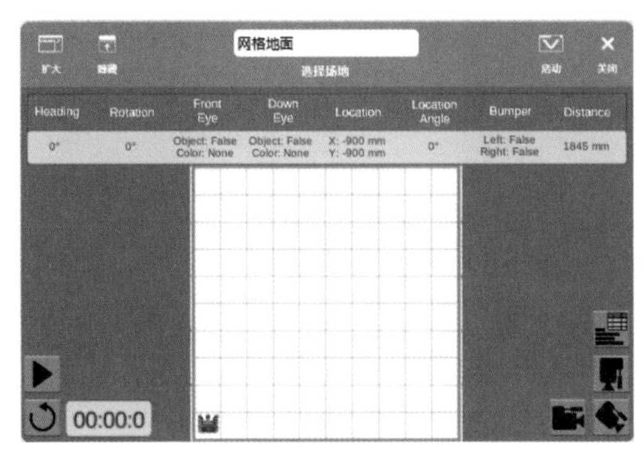

图3-12　选择网格地面

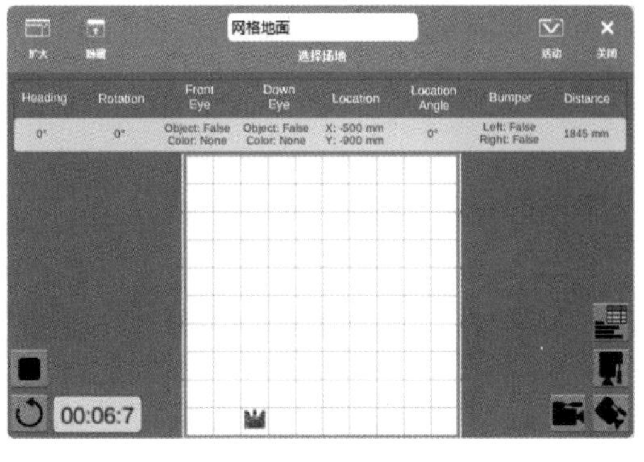

图3-13　机器人停留位置

3.2 顺序结构

为提高程序设计的质量和效率，程序编写通常采用结构化的程序设计方法。结构化程序由若干个基本结构组成，每一种结构包括一条或若干条语句。结构化程序有3种基本结构，即顺序结构、循环结构和分支结构。

顺序结构程序的执行是从第一条可执行语句开始，一条语句接一条语句地依次执行，直到程序结束语句为止。

注意顺序结构程序中的任何一条可执行语句，在程序执行过程中，都必须执行一次，而且也只能执行一次。这样的程序结构简单、直观、易于理解。在进行程序设计时，可以结合程序流程图，设计好各语句的前后顺序。

顺序结构执行过程：先执行A，再执行B，再执行C。这种结构的程序是按“从上到下”的顺序依次执行语句的，中间既没有分支语句也没有循环语句。

3.3 循环结构

循环结构有多种形式，无论哪种循环语句，都有自己的控制条件和判断方式。在机器人的控制程序中，循环条件往往与传感器检测的数值有关，而传感器的应用与对环境的检测又必须依赖于程序的循环结构。正确使用传感器的测量值是保证程序设计与机器人正常工作的关键。

循环条件既可以是数学或逻辑表达式，也可以是对传感器检测结果的判断。

① 重复循环一定次数，如图3-14所示。

② 永久循环（无限循环），如图3-15所示。

③ 直到满足一定条件才终止循环，如图3-16所示。

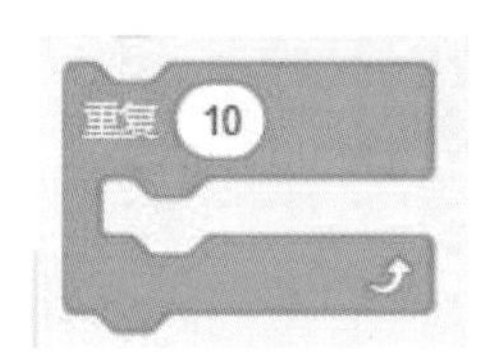

图3-14 重复循环一定次数

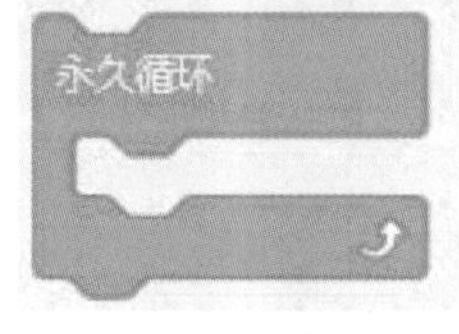

图3-15 永久循环

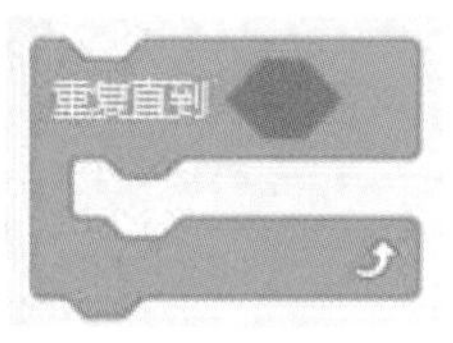

图3-16 满足一定条件终止循环

④ 当满足一定条件才进入循环，如图3-17所示。

⑤ 等到满足一定条件才继续执行下面的语句，如图3-18所示。

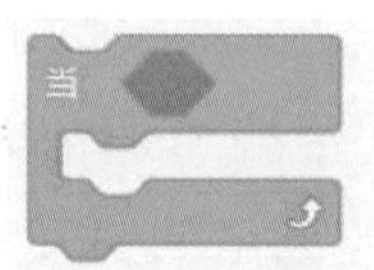

图3-17 满足条件进入循环

图3-18 满足条件执行后续语句

实例2 绘制边长为500mm的正方形。

【编程思路】先编写机器人前进500mm，转动90度，然后循环4次。为了留下机器人运动轨迹，使用画笔工具（后面将有详细介绍）。

【参考程序】参考程序如图3-19所示。

【执行程序】选择画布，绘制正方形，如图3-20所示。

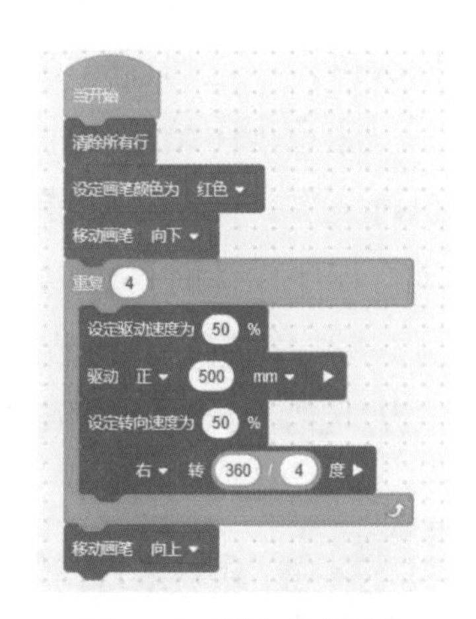

图3-19 实例2参考程序

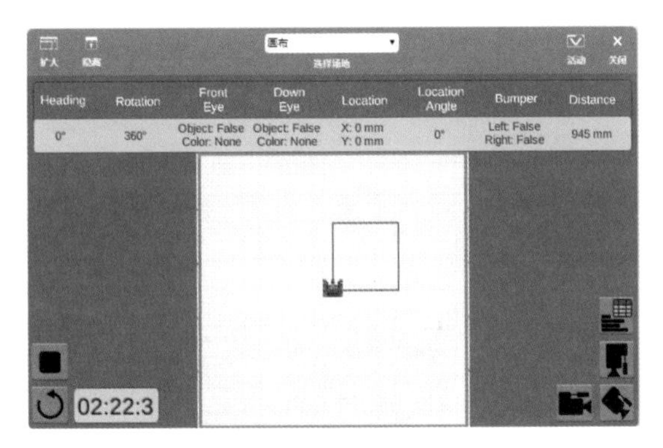

图3-20 绘制正方形

实例3 绘制边长为400mm的六边形。

【分析】循环次数 = 边数，右转角度=360度/边数。

【参考程序】参考程序如图3-21所示。

【执行程序】选择画布，绘制六边形，如图3-22所示。

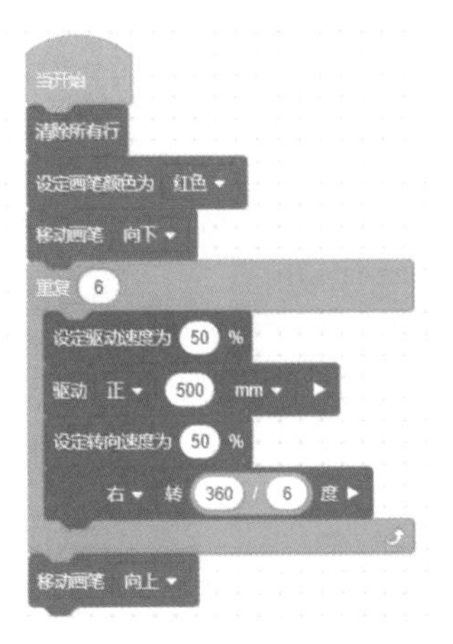

图3-21 实例3参考程序

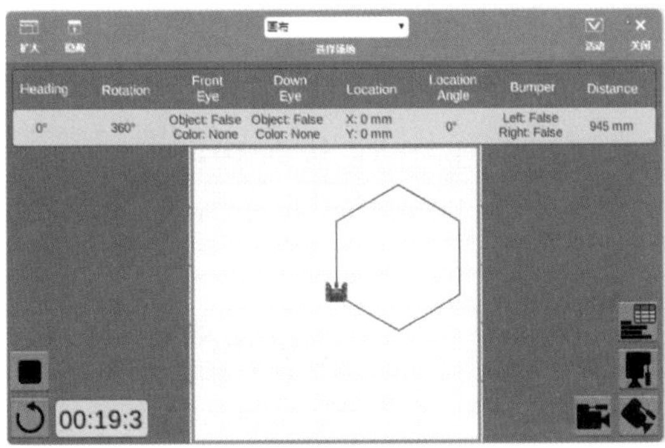

图3-22 绘制六边形

实例4 虚拟机器人从0增速到100前进，持续前进1秒后，再从100减速到0后退。

【参考程序】参考程序如图3-23所示。

【执行程序】选择网格地面，执行程序，如图3-24所示。

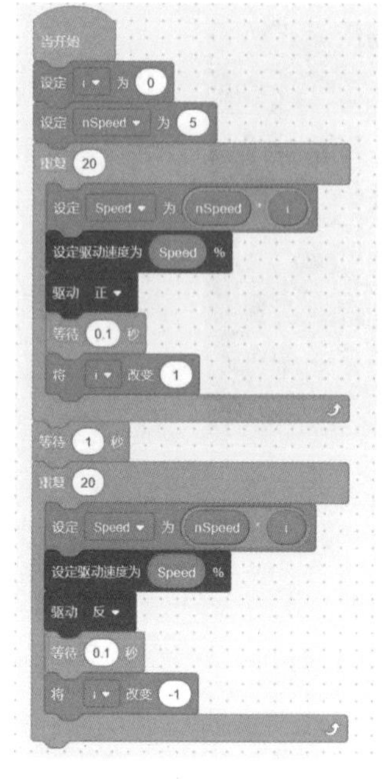

图3-23　实例4参考程序

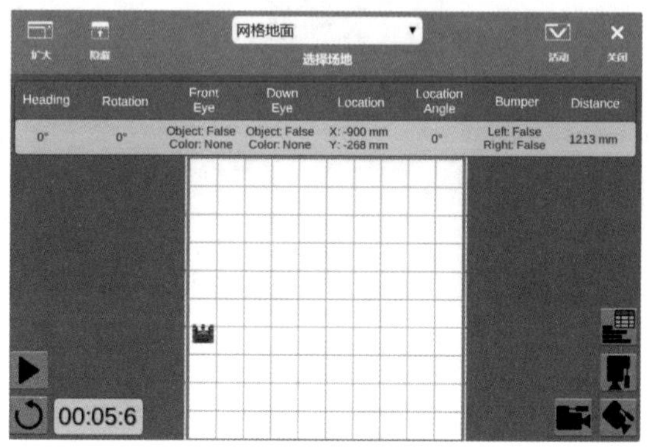

图3-24　执行程序

3.4 分支结构

分支结构就是在程序运行中对程序的走向进行选择，以便决定执行哪一种操作。分支结构形式不同，但都要根据条件判断进行选择，如图3-25所示。

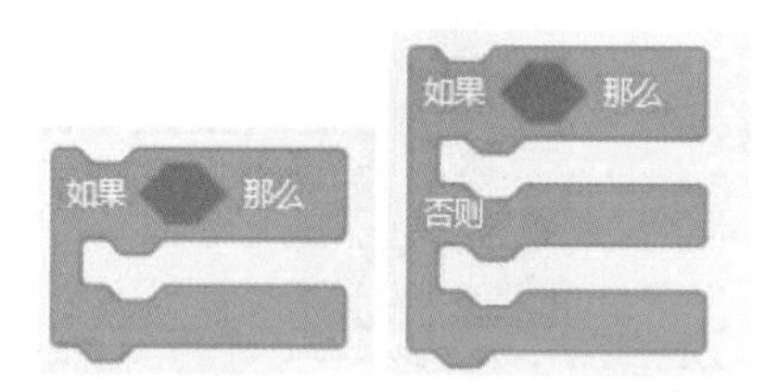

图3-25　条件判断形式

① 如果……那么　如果条件满足则执行条件内部特定的指令序列。

② 如果……那么……否则　如果条件满足，将执行一个特定的指令序列，如果条件不满足，则执行另一组指令，从而根据条件对程序流进行“分支”。只有一个分支被执行。

a. 如果条件为 true，则运行 “如果……那么”分支内的指令块。

b. 如果条件为 false，则运行 “否则”分支内的指令块。

实例5 虚拟机器人前进，如果前方颜色传感器发现对象，则停止（图3-26）。

【参考程序】参考程序如图3-27所示

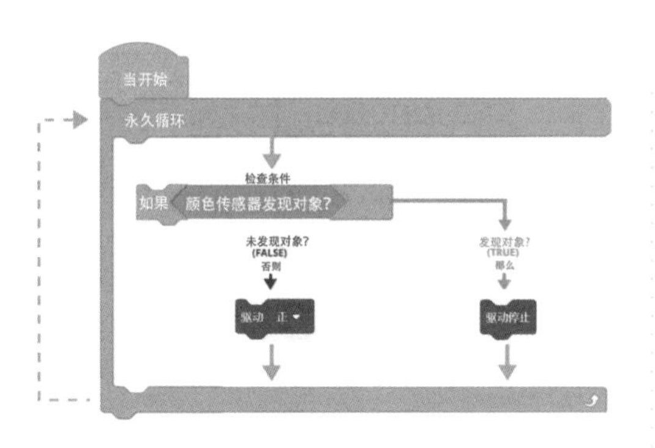

图3-26　实例5程序块

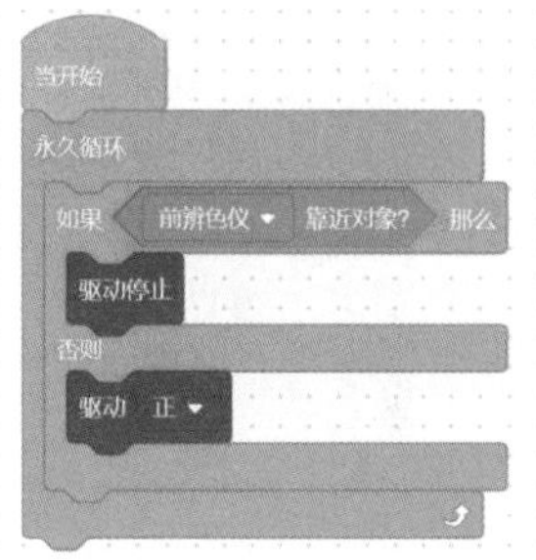

图3-27　实例5参考程序

【执行程序】选择磁碟迷宫场地，虚拟机器人遇到绿色障碍物停止，如图3-28所示。

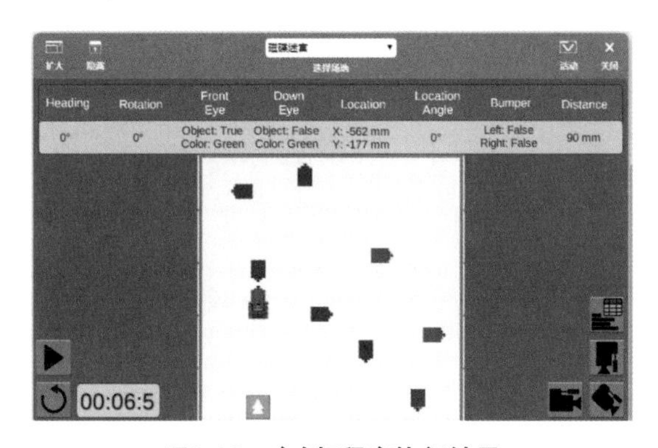

图3-28　实例5程序执行结果

实例6 捣毁城堡，如果距离传感器发现对象，继续前进，否则右转。

【参考程序】参考程序如图3-29所示

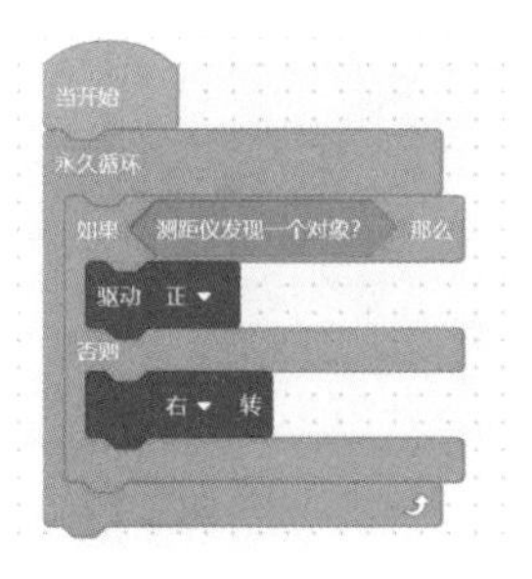

图3-29　实例6参考程序

【执行程序】选择捣毁城堡场地，程序执行如图3-30所示。

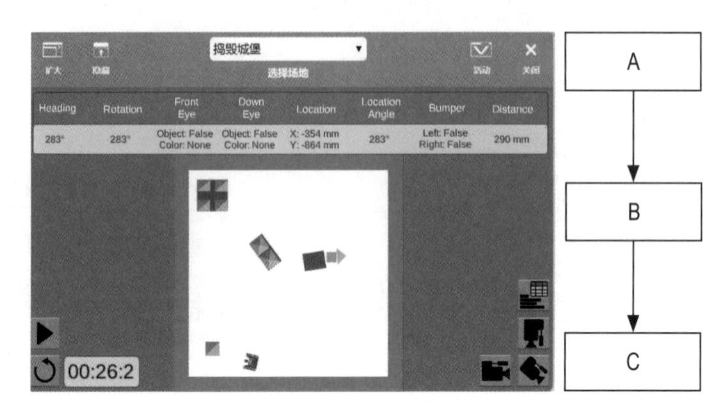

图3-30　实例6程序执行结果

实例7 虚拟机器人以100的速度前进800mm，以40的速度右转90度，以100的速度前进800mm，以20的速度左转90度，以50的速度前进400mm，以30的速度右转90度，以50的速度后退400mm。

【参考程序】参考程序如图3-31所示。

【执行程序】选择网格地面，每格边长200mm。执行程序路线如图3-32所示。

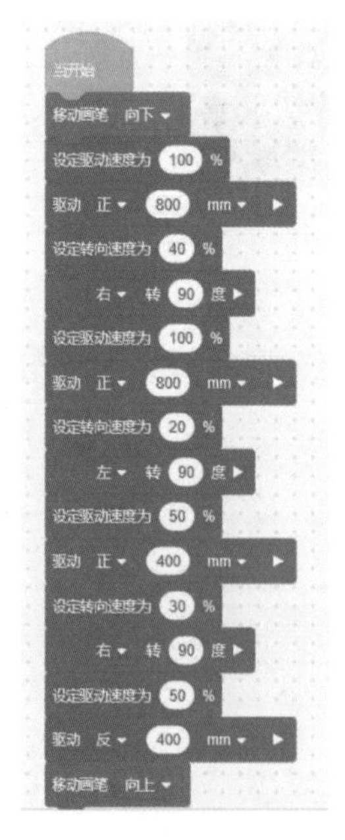

图3-31　实例7参考程序

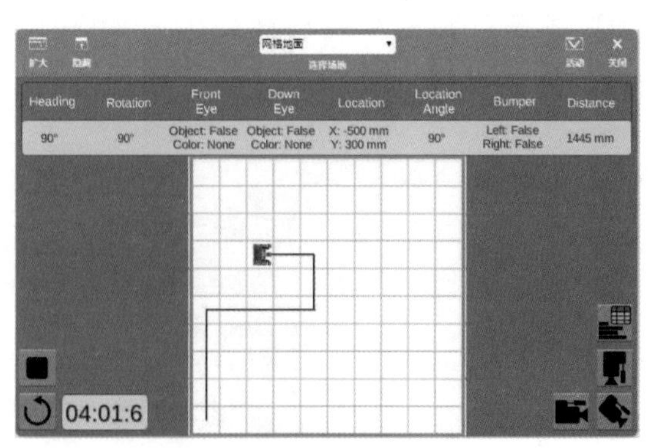

图3-32　执行程序路线

实例8 已知A=3.14，B=4，求A+B，$A-B$，$A\times B$，A/B，B的平方根，并显示。

【参考程序】参考程序如图3-33所示。

【执行程序】执行结果如图3-34所示。

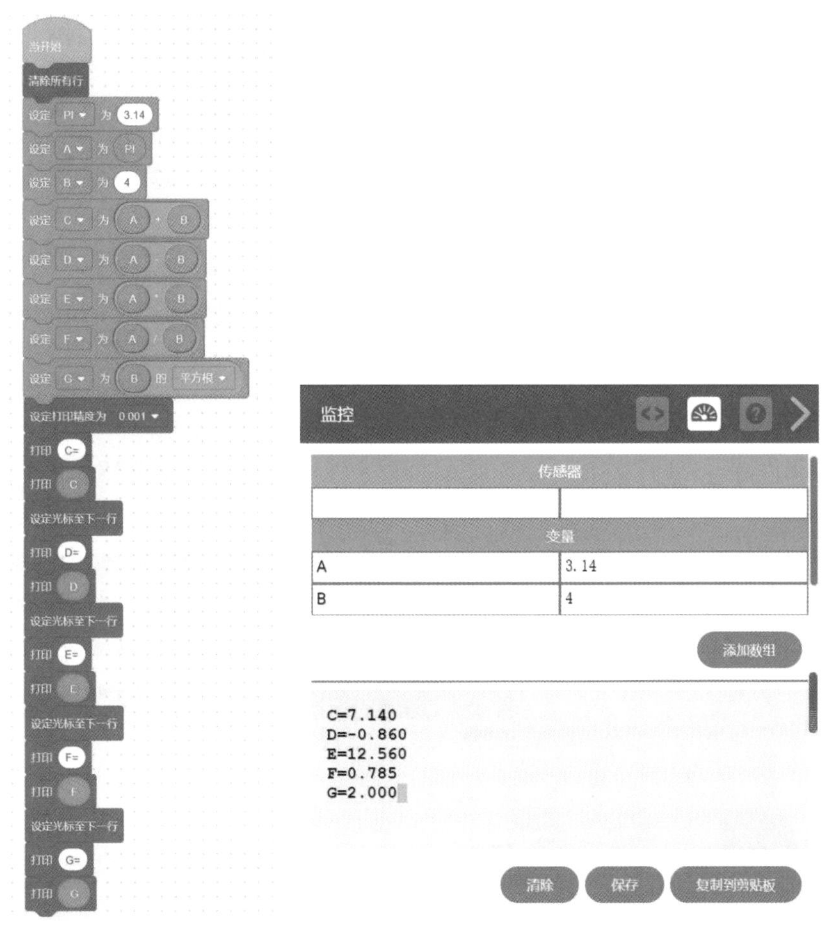

图3-33　实例8参考程序　　　图3-34　实例8程序执行结果

3.5 变量

在一个程序中可以有多个自定义的指令块（函数），不同自定义指令块中的变量不能相互调用。如果希望一个变量可以在不同自定义指令块中调用，就要用到全局变量，也称外部变量。

① 定义变量　如图3-35所示，给变量命名并提交。

② 变量赋值　如图3-36所示，给变量赋初值。

③ 修改变量值　如图3-36所示，在程序执行过程中可以修改变量的值。

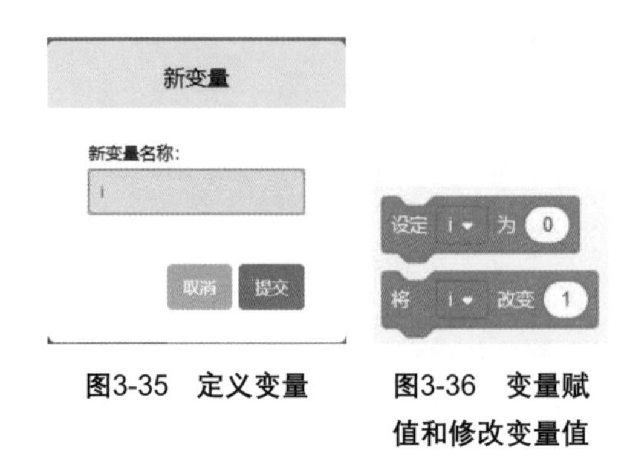

图3-35　定义变量　　图3-36　变量赋值和修改变量值

实例9　每秒计数1次，并打印10个数字。

【分析】定义一个变量number，循环10次，每次循环变量number加1，并输出。

【参考程序】参考程序如图3-37所示。

【执行程序】打开监控 ，显示程序执行结果，如图3-38所示。

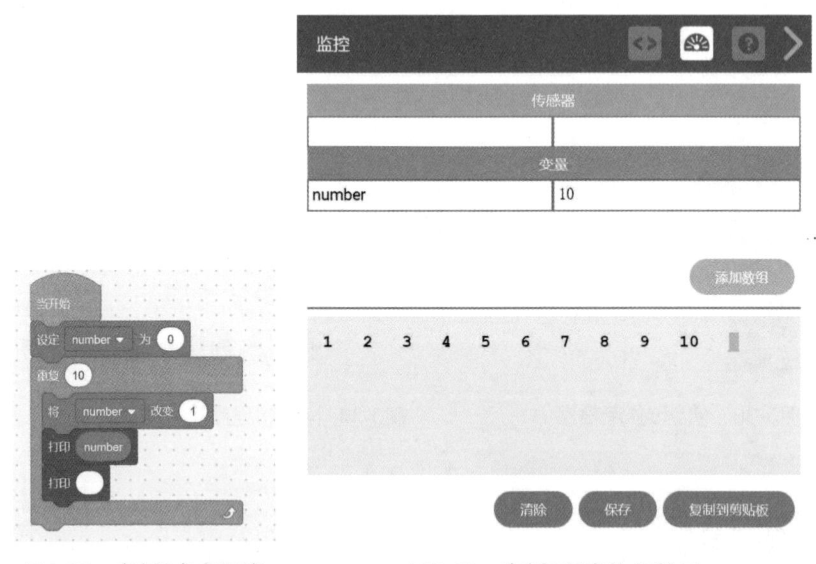

图3-37　实例9参考程序　　图3-38　实例9程序执行结果

实例10　绘制十边形，边长为200mm。

【编程思路】虚拟机器人前进的距离为边长200mm，转动的角度为360/10度。循环10次即可绘制出十边形。

【参考程序】参考程序如图3-39所示。

【执行程序】选择画布场地，程序执行结果如图3-40所示。

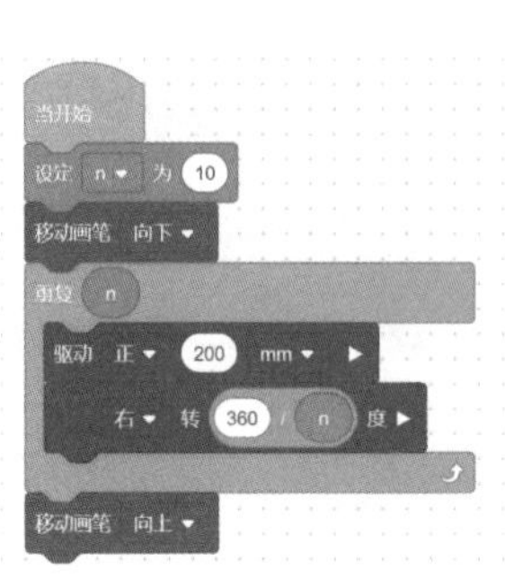

图3-39　实例10参考程序

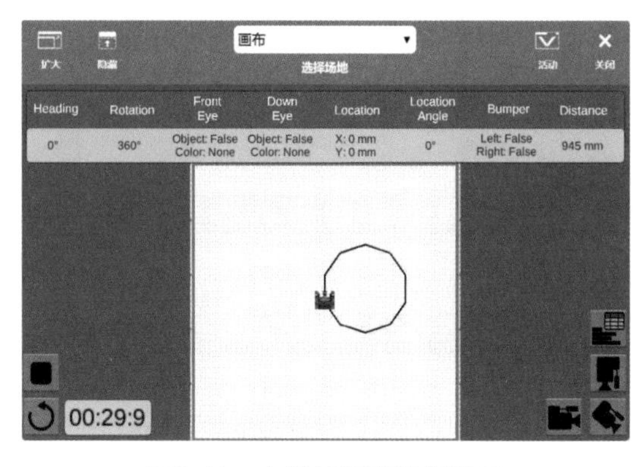

图3-40　实例10程序执行结果

3.6 一维数组

数组是指一组同类型数据组成的序列，用一个统一的数组名标识这一组数据，用下标来指示数组中的元素的序号。

① 一维数组的定义　如图3-41所示，给数组命名并填写数组长度，然后提交。

② 数组元素　输出数组中某个元素的值，如图3-42所示。

③ 数组元素置换　修改数组中某个元素的值，如图3-42所示。

④ 数组元素赋初值　给数组中每个元素赋初值，如图3-42所示。

⑤ 数组长度　输出数组元素的个数，如图3-42所示。

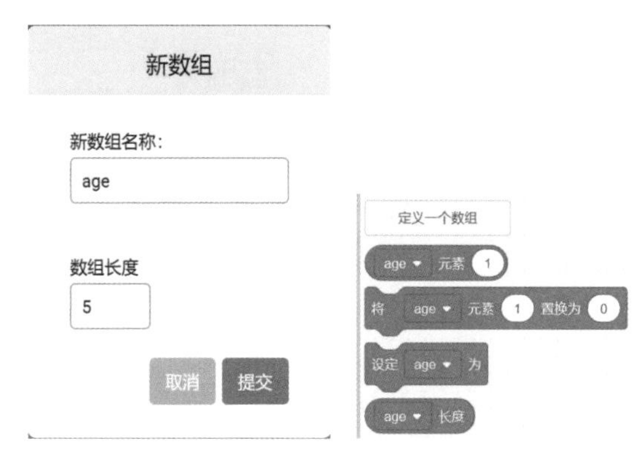

图3-41　定义一维数组　　图3-42　一维数组相关指令块

实例11 将任意10个数从小到大排序并输出。

【参考程序】参考程序如图3-43所示。

【执行程序】打开监控窗口，执行程序，结果如图3-44所示。

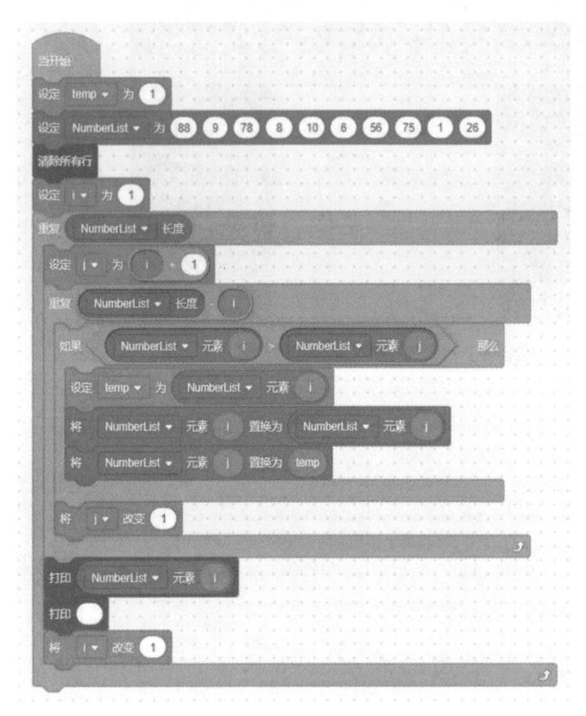

图3-43 实例11参考程序

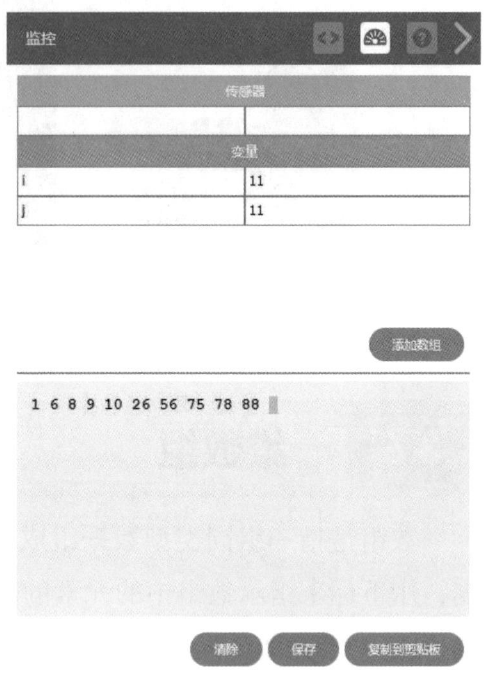

图3-44 实例11程序执行结果

实例12 二进制数转换为十进制数，并显示。

【编程思路】定义一维数组保存每一位二进制数的权重，定义变量*i*，定义转换的十进制数number。机器人在行走过程中下方视觉传感器识别蓝色和绿色，如果为绿色，二进制数为1，则累加对应位的权重，如果为蓝色，二进制数为0，继续前进，直到8位数字颜色块识别完，退出循环，停止前进，显示数字number。

【参考程序】参考程序如图3-45所示。

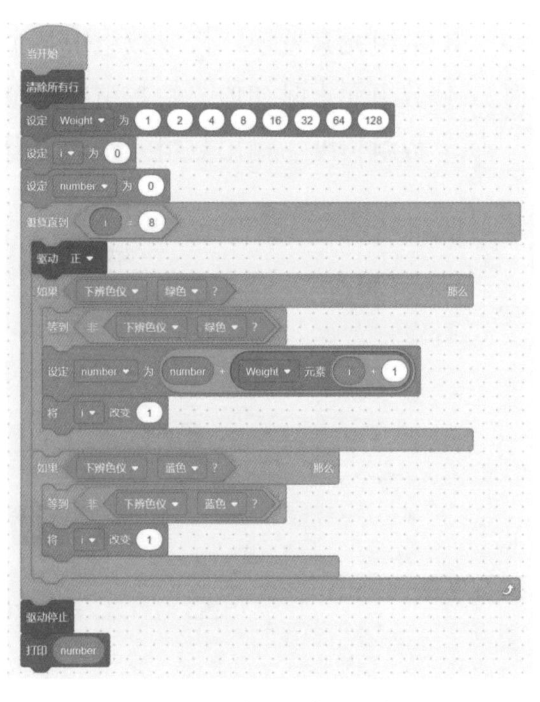

图3-45 实例12参考程序

【执行程序】选择编码信息场地，打开监控窗口，执行结果如图3-46所示。

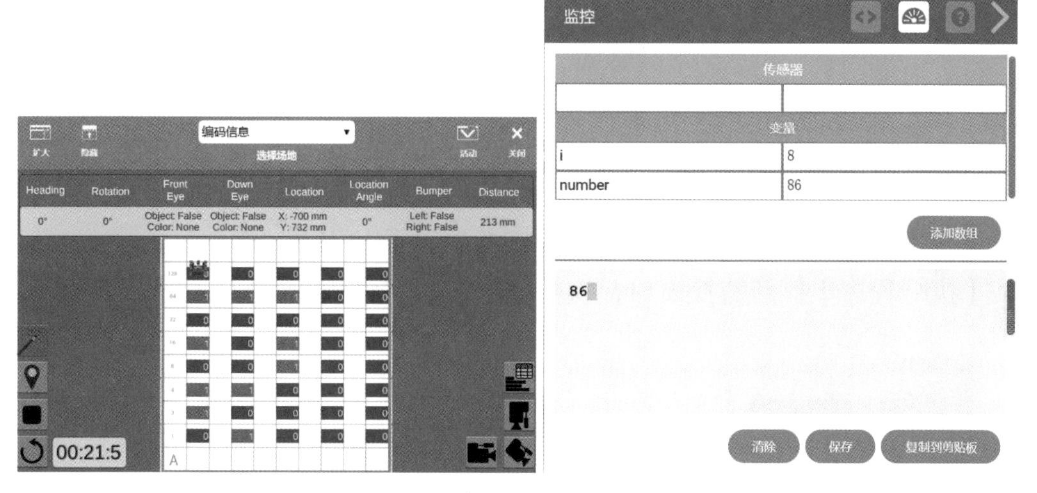

图3-46　实例12程序执行结果

3.7 二维数组

数组是按顺序存储同类型数据的数据结构。如果有一个一维数组，它的每一个元素是类型相同的一维数组时，就形成了二维数组。

① 二维数组定义　如图3-47所示，定义了一个5行5列的二维数组a[5][5]。

② 数组元素值　输出数组某个元素的值，如图3-48所示。

图3-47　定义二维数组

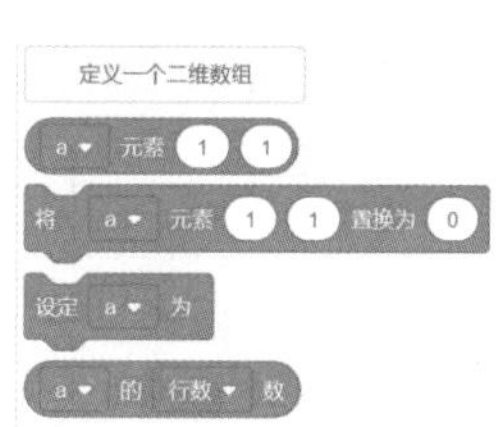

图3-48　二维数组相关指令块

③ 数组元素值置换　修改数组某个元素的值，如图3-48所示。

④ 数组元素赋初值　设置数组每个元素的初始值，如图3-48所示。

⑤ 数组的元素行数（列数）　输出数组行的元素个数或列的元素个数，如图3-48所示。

实例13　定义二维数组，并输出数组。

【参考程序】参考程序如图3-49所示。

【执行程序】打开监控窗口，执行程序显示二维数组的值，如图3-50所示。

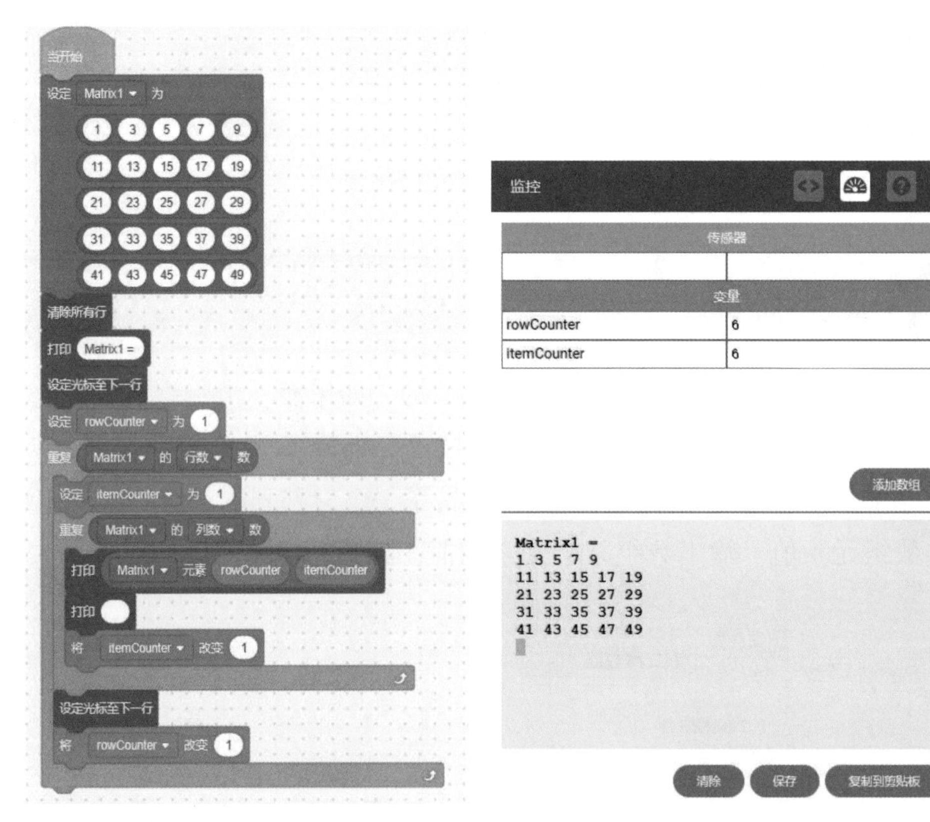

图3-49　实例13参考程序　　图3-50　实例13程序执行结果

实例14　求一个5×4矩阵的所有靠外侧的元素值之和。设矩阵为：

$$mn=\begin{bmatrix}3 & 8 & 9 & 10\\ 2 & 5 & -2 & 5\\ 1 & 0 & 1 & 1\\ 2 & 6 & 8 & 2\\ 7 & 0 & -1 & 4\end{bmatrix}$$

【编程思路】将第一行和最后一行的所有列相加，保存在变量sum中。然后再将第2行到倒数第2行之间的行的第一列和最后一列数累加在sum中，最后输出sum的值。

【参考程序】参考程序如图3-51所示。

【执行程序】打开监控窗口，监控变量i（行）、j（列）、sum（和），如图3-52所示。

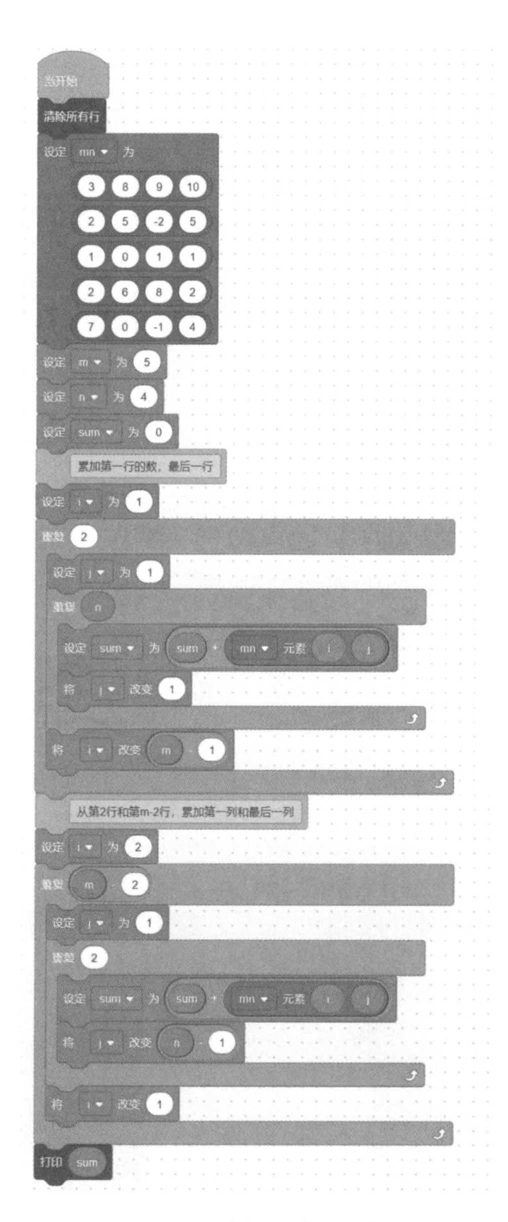

图3-51　实例14参考程序

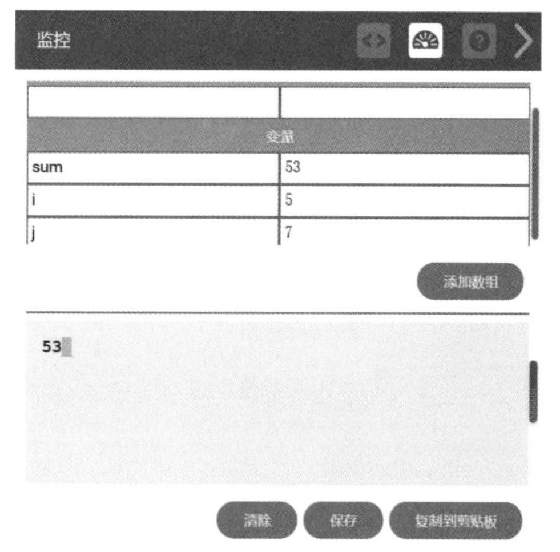

图3-52　实例14程序执行结果

3.8 逻辑运算与、或、非

逻辑运算符有三种，“与”“或”“非”，一般用于条件判断中，如图3-53所示。

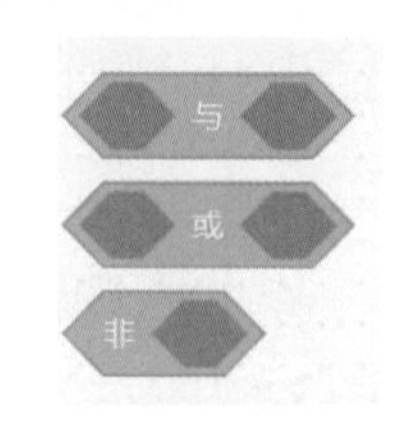

图3-53 逻辑运算符

①“与” “与”指令块在两个条件均为真时，报告真值，在一个（或两个）条件为假时，报告假值。可用在六边形空白的条件指令块中。

②“或” 当一个（或两个）条件为真时，“或”指令块为真值；当两个条件均为假时，“或”指令块为假值。可用在六边形空白条件指令块中。

③“非” 当布尔指令块中为假值（false）时，“非”指令块为真值；当布尔指令块中为真值（true）时，“非”指令块为假值。可用在六边形空白条件指令块中。

实例15 在距离边缘大于1500mm或者小于500mm处，绘制蓝色线；距离边缘大于1000mm，小于1500mm处，绘制红色线；距离小于1000mm处，绘制绿色线。

【参考程序】参考程序如图3-54所示。

【执行程序】选择网格地面，执行程序，如图3-55所示。

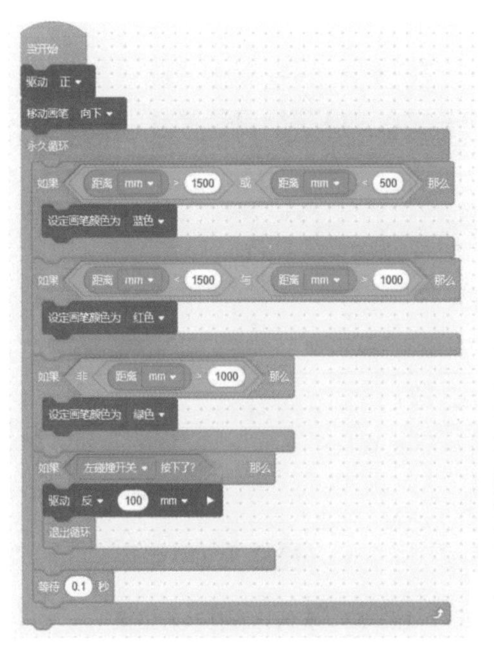

图3-54 实例15参考程序

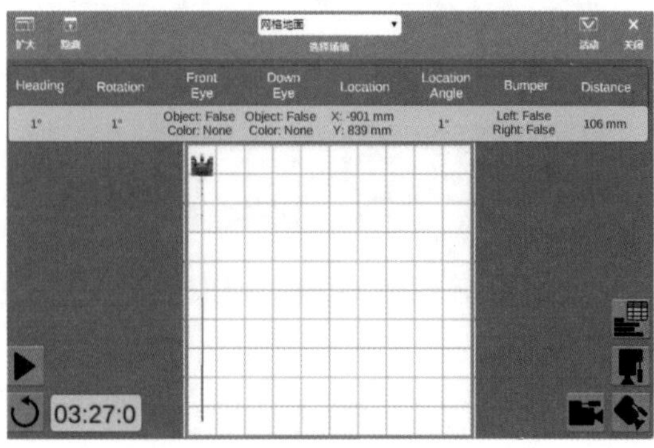

图3-55 实例15程序执行结果

实例16　判断2020年是闰年还是平年。

【编程思路】判断闰年的条件是年份能被4整除但是不能被100整除，或者能被400整除。定义变量year，判断条件编程步骤：

① 对4取余数，对100取余数，对400取余数，如图3-56所示。

② 不能被100整除，如图3-57所示。

③ 年份能被4整除但是不能被100整除，如图3-58所示。

④ 年份能被4整除但是不能被100整除，或者能被400整除，如图3-59所示。

【参考程序】参考程序如图3-60所示。

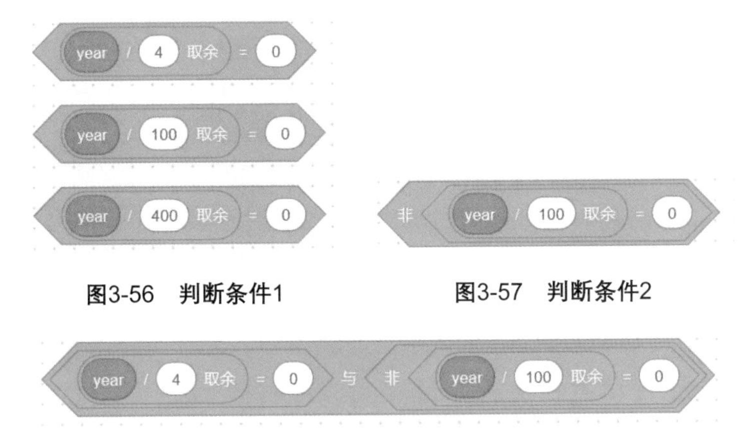

图3-56　判断条件1　　图3-57　判断条件2

图3-58　判断条件3

图3-59　判断条件4

```
当开始
清除所有行
设定 year ▾ 为 2020
打印 year
打印 :
如果 year / 4 取余 = 0 与 非 year / 100 取余 = 0 或 year / 400 取余 = 0 那么
    打印 是闰年
否则
    打印 是平年
```

图3-60　实例16参考程序

【执行程序】打开监控窗口，程序执行结果如图3-61所示。

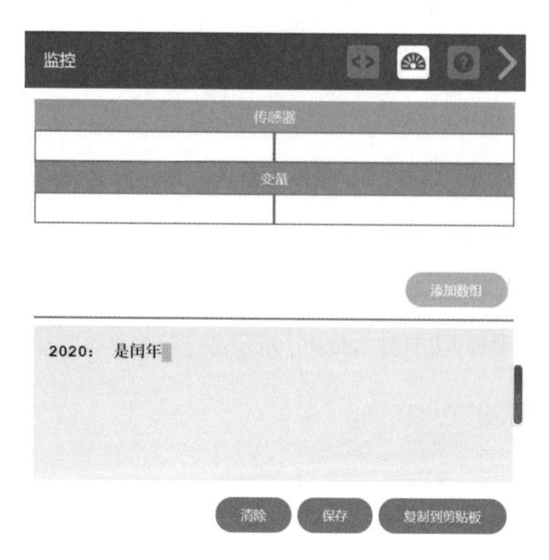

图3-61　实例16程序执行结果

3.9 自定义指令块

模块化程序设计是进行大程序设计的一种有效手段。其基本思想是将一个大的程序按功能分割成一些模块，使每一个模块都成为功能单一、结构清晰、容易理解的小程序。通过自定义指令块的方式，实现程序的模块化设计。

① 创建指令块　如图3-62所示，在创建指令块中，可以添加标签，定义参数，参数类型包括数值型和布尔型。创建的指令块可以有参数，也可以没有参数。

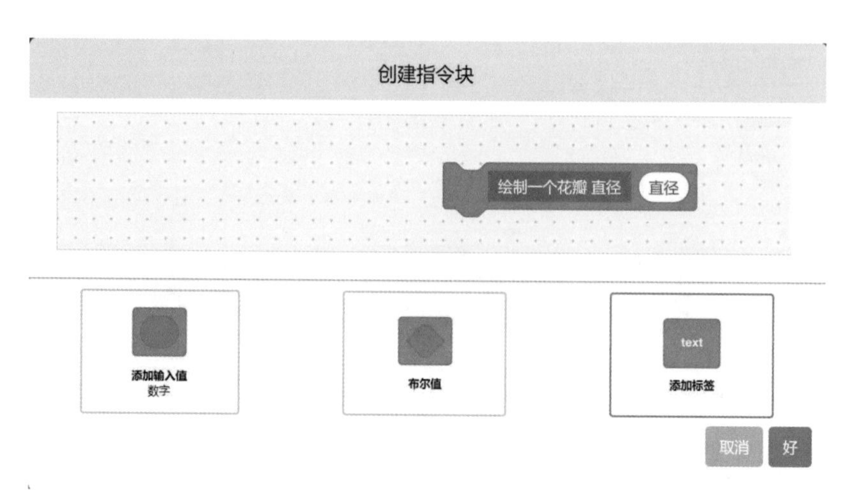

图3-62　创建指令块

② 自定义指令块程序设计如图3-63所示。

图3-63 自定义指令块程序设计

③ 自定义指令块的引用 可以像其他指令块一样使用，引用时输入实际的参数值，如图3-64所示。

图3-64 自定义指令块的引用

实例17 直行500mm，右转90度，直行500mm。

【参考程序】参考程序如图3-65所示。

【执行程序】选择网格地面，执行结果如图3-66所示。

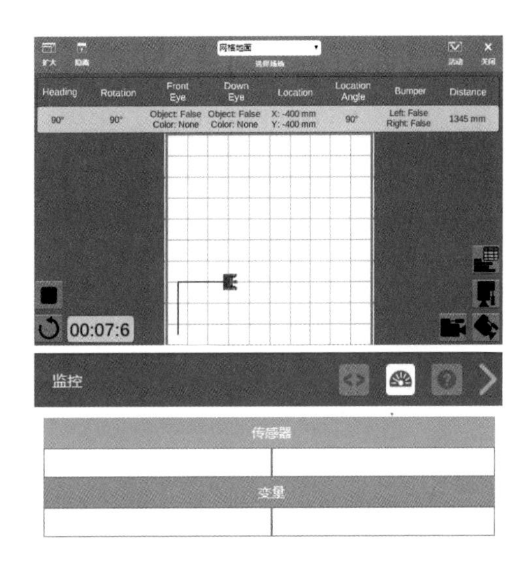

图3-65 实例17参考程序

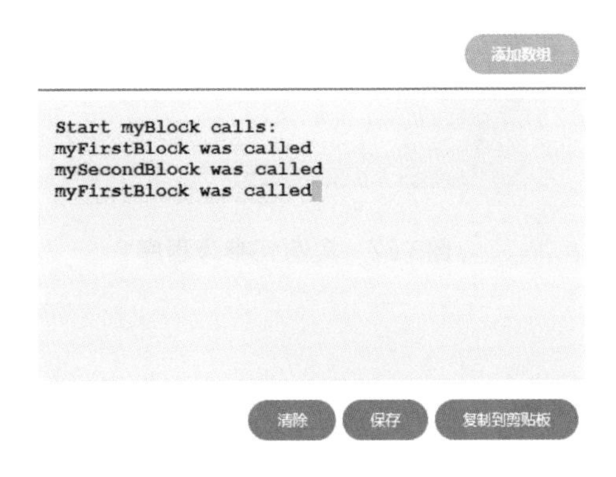

图3-66 实例17程序执行结果

实例18 打印输出1～100之间的所有质数和质数的个数。

【编程思路】整个程序包括2个自定义指令块：一个是对二维数组初始

化，将100个数保存在数组中；另一个是判断数是否是质数。

【参考程序】

① 数组初始化指令块：定义二维数组NumberSquare，将数字1 ~ 100存到二维数组中，如图3-67所示。

② 判断质数指令块：质数是只能由1和它自身整除的整数。判定一个整数number是否为质数的关键是要判断整数number能否被1和它自身以外的其他整数所整除，如不能整除，则number为质数。经过数学证明，一个整数如果能够被2到number的平方根中的任何一个整数所整除，则该整数不是质数，否则为质数，如图3-68所示。

③ 主程序如图3-69所示。

【执行程序】打开监控窗口，程序执行结果如图3-70所示。

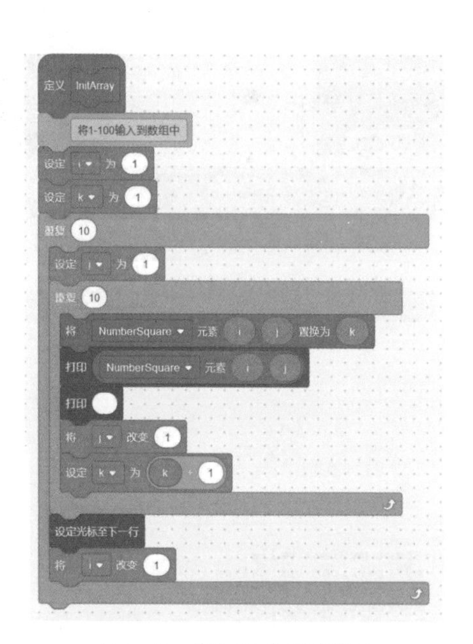

图3-67　实例18参考程序1

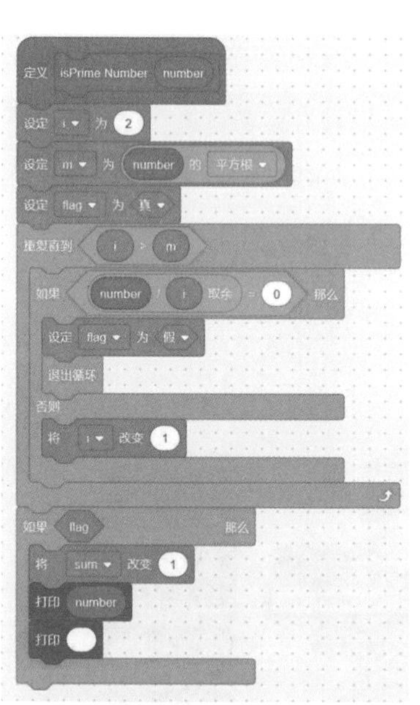

图3-68　实例18参考程序2

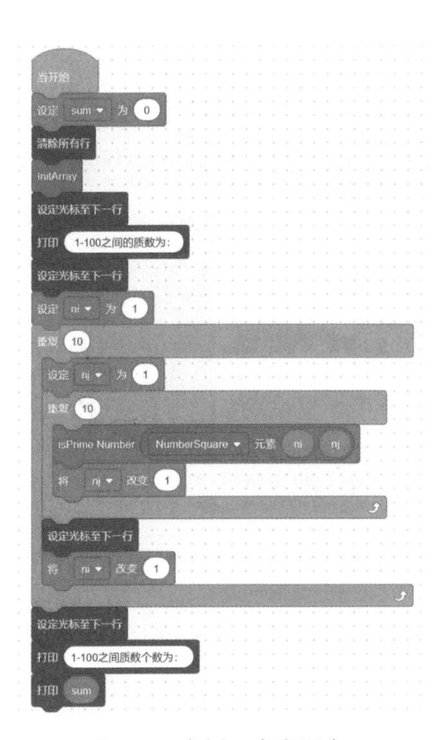

图3-69　实例18参考程序3

监控

变量	
i	2
j	11
m	10
flag	false

添加数组

```
1 2 3 4 5 6 7 8 9 10
11 12 13 14 15 16 17 18 19 20
21 22 23 24 25 26 27 28 29 30
31 32 33 34 35 36 37 38 39 40
41 42 43 44 45 46 47 48 49 50
51 52 53 54 55 56 57 58 59 60
61 62 63 64 65 66 67 68 69 70
71 72 73 74 75 76 77 78 79 80
81 82 83 84 85 86 87 88 89 90
91 92 93 94 95 96 97 98 99 100

 1-100之间的质数为:
 2   3   5   7
11  13  17  19
23  29
31  37
41  43  47
53  59
61  67
71  73  79
83  89
97

1-100之间质数个数为: 25
```

清除　保存　复制到剪贴板

图3-70　实例18程序执行结果

3.10 计时器

虚拟机器人内置计时器，经常对自动程序运行时间进行计时，如图3-71所示。

① 重置计时器就是让计时器清零，开始计时。

② 计时器秒数　输出从重置计时器开始程序执行的时间。

图3-71　计时器

实例19　前进5秒停止。

【分析】5秒是运动的条件，小于等于5秒时前进，大于5秒时退出循环停止。

【参考程序】参考程序如图3-72所示。

【执行程序】选择网格地面，显示程序执行结果，如图3-73所示。

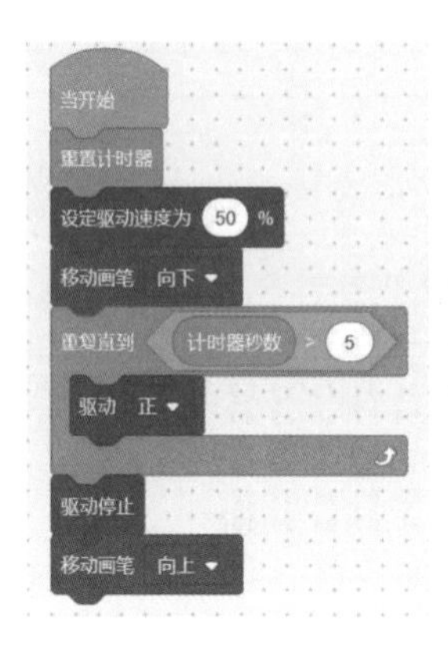

图3-72　实例19参考程序

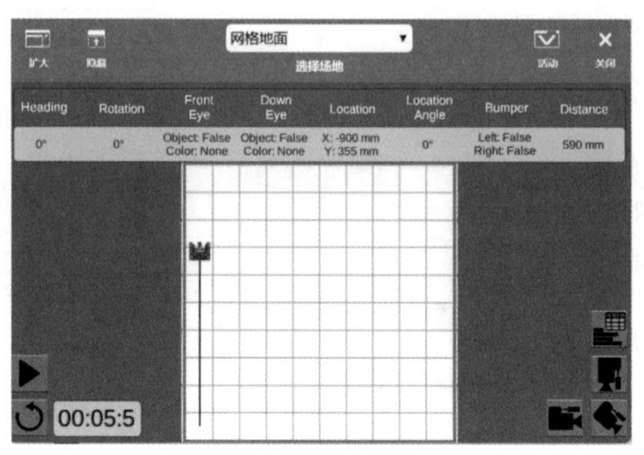

图3-73　实例19程序执行结果

实例20 计时10秒并显示。

【参考程序】参考程序如图3-74所示。

【执行程序】打开监控窗口，执行结果如图3-75所示。

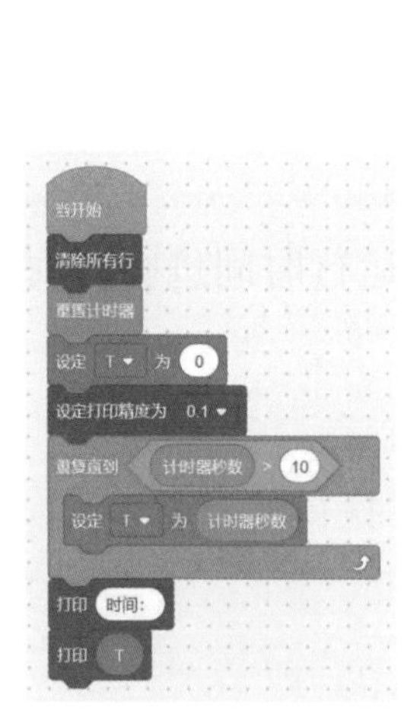

图3-74　实例20参考程序

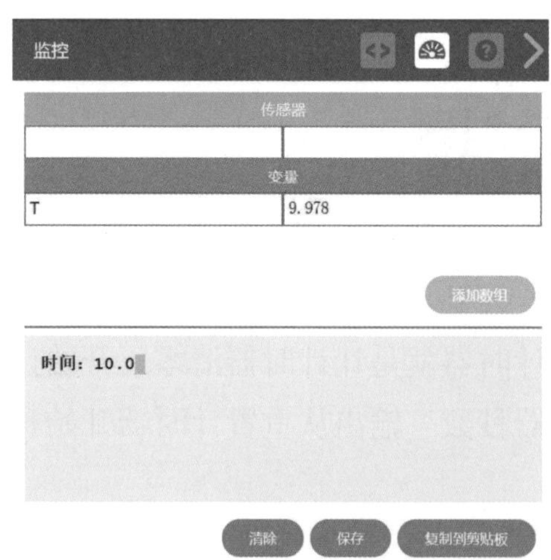

图3-75　实例20程序执行结果

3.11 触碰传感器

触碰传感器让你的机器人具有触觉，可以检测轻微的触碰，可用作开关，还能用来检测障碍物或限制机器人的运动范围。

虚拟机器人有左碰撞开关和右碰撞开关，如图3-76所示，可以检测前方场地边缘。按下值为“TRUE”，松开为“FALSE”。

图3-76 触碰传感器

实例21 虚拟机器人前进，碰到上边缘，右转90度，前进400mm，右转90度。继续向下运动，碰到下边缘，左转90度，前进400mm，左转90度。继续向上运动，直到碰到右边缘，停止运动。

【参考程序】参考程序如图3-77所示。

【执行程序】选择线段检测场地，机器人蛇形前进，如图3-78所示。

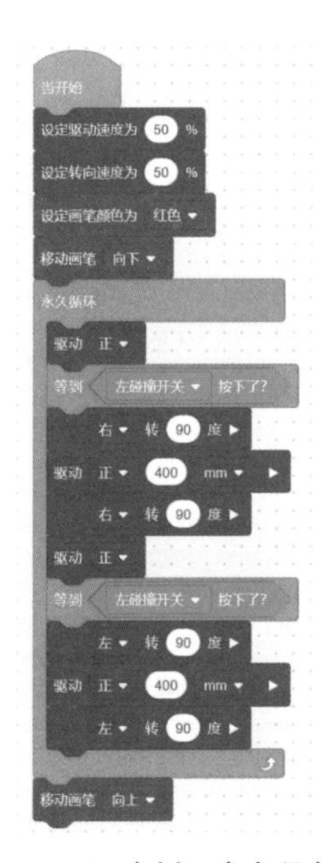

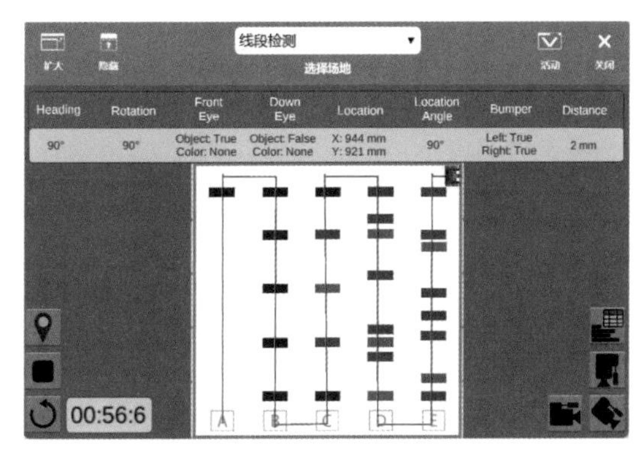

图3-77 实例21参考程序

图3-78 实例21程序执行结果

实例22 虚拟机器人在围墙迷宫场地从起始位置出发，到达2号地点。

【编程思路】观察迷宫，选择从出发点到2号地点的最佳路线，使用等待模块，等到触碰传感器碰到墙，则根据出口方向，选择左转或者右转90度。

【参考程序】参考程序如图3-79所示。

【执行程序】选择围墙迷宫场地，虚拟机器人到达2号地点，如图3-80所示。

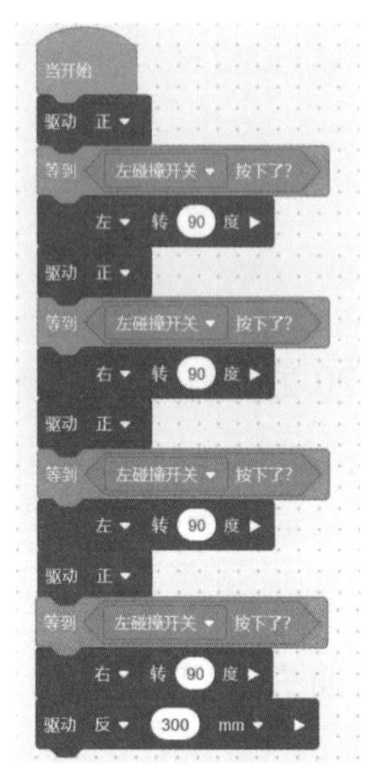

图3-79　实例22参考程序

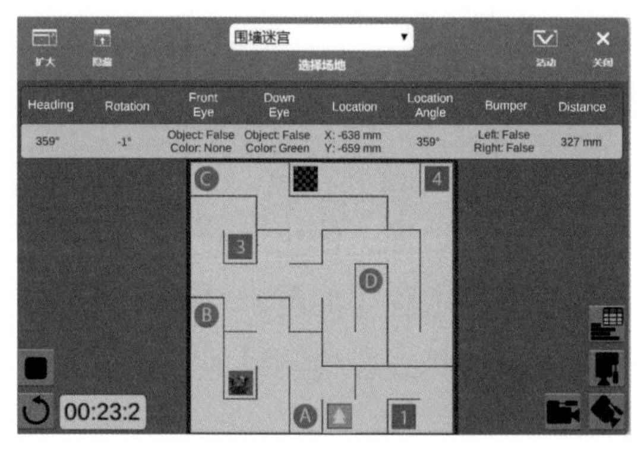

图3-80　实例22程序执行结果

3.12 陀螺仪传感器

陀螺仪传感器用于测量转弯速率并计算方向。它可以连续计算机器人的转动方向。虚拟机器人内置陀螺仪传感器，可以实时返回机器人的角度值，如图3-81所示。

图3-81　位标角度值

实例23　内置陀螺仪传感器控制虚拟机器人转动720度。

【参考程序】参考程序如图3-82所示。

【执行程序】选择网格地面，程序执行结果如图3-83所示。

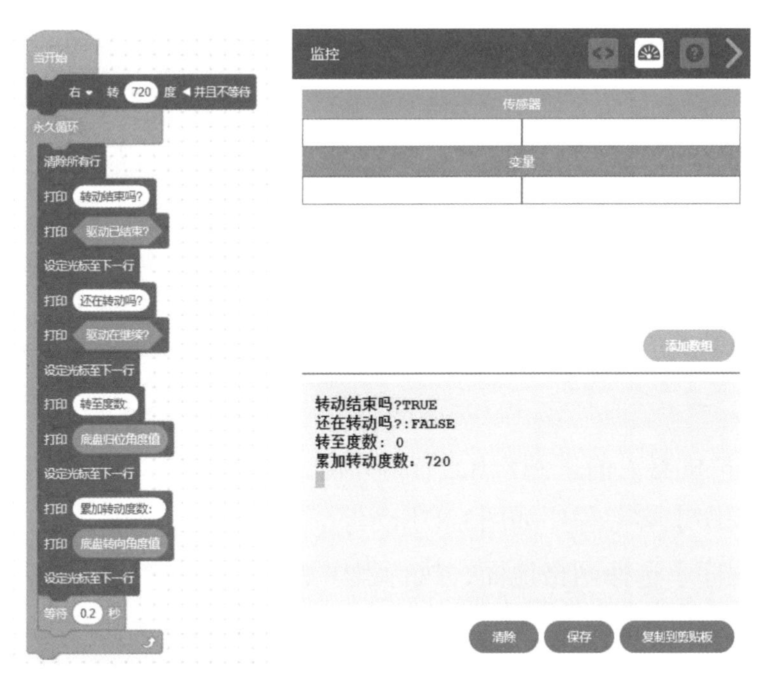

图3-82 实例23参考程序　　　　图3-83 实例23程序执行结果

实例24 右转4秒停止转动1秒，再左转180度，等待1秒，转至0度。

【参考程序】参考程序如图3-84所示。

【执行程序】选择网格地面，执行程序如图3-85所示。

当开始
右 转
等待 4 秒
驱动停止
等待 1 秒
左 转 180 度
等待 1 秒
转向至 0 度

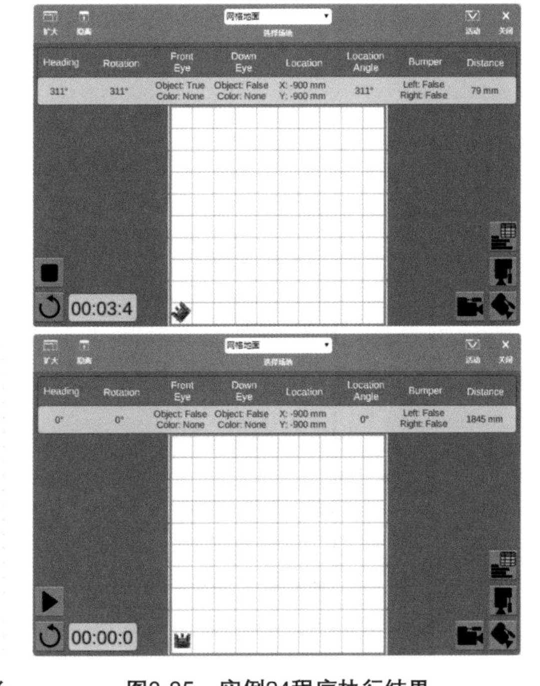

图3-84 实例24参考程序　　　　图3-85 实例24程序执行结果

3.13 位置传感器

虚拟机器人内置位置传感器，可以测量X坐标值和Y坐标值，如图3-86所示。

图3-86　位置传感器

实例25　虚拟机器人前进到Y=0，右转90度，前进到X=0的位置停止。

【参考程序】参考程序如图3-87所示。

【执行程序】选择网格地面，执行程序如图3-88所示。

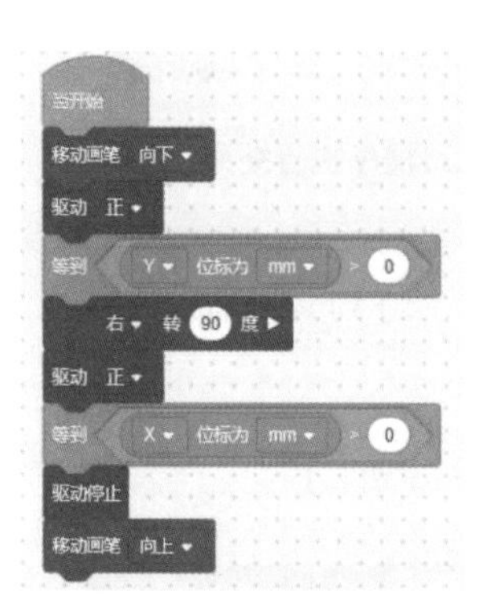

图3-87　实例25参考程序

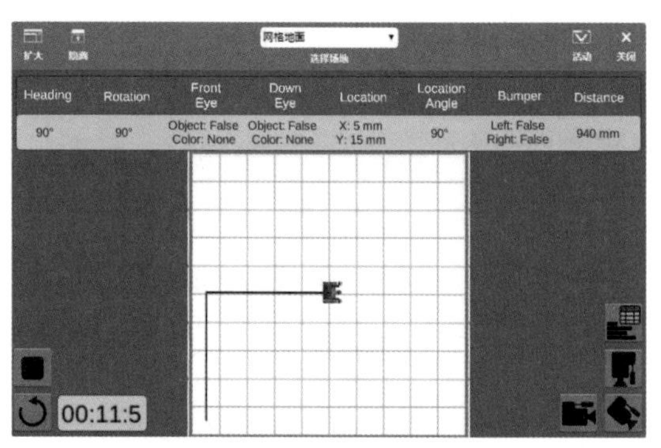

图3-88　实例25程序执行结果

实例26　虚拟机器人前进到25的位置，如图3-89所示。

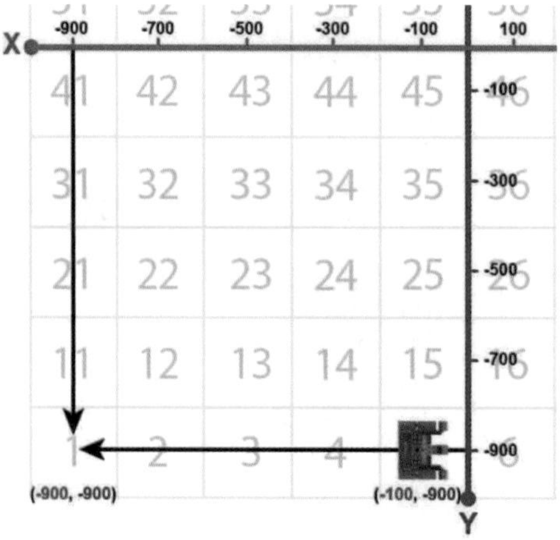

图3-89　实例26虚拟机器人运动路线图

【参考程序】参考程序如图3-90所示。

【执行程序】程序执行结果如图3-91所示。

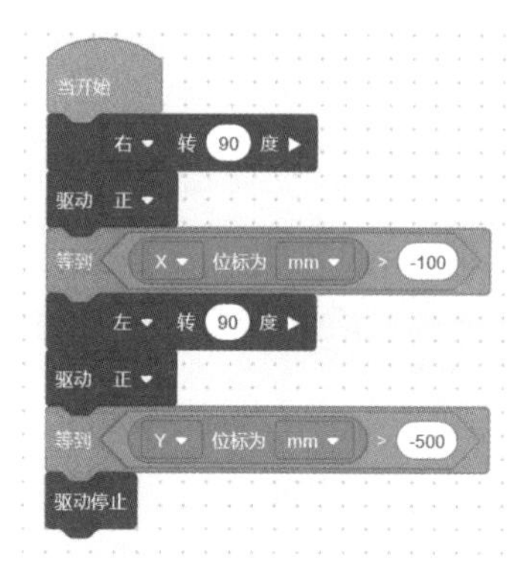

图3-90　实例26参考程序

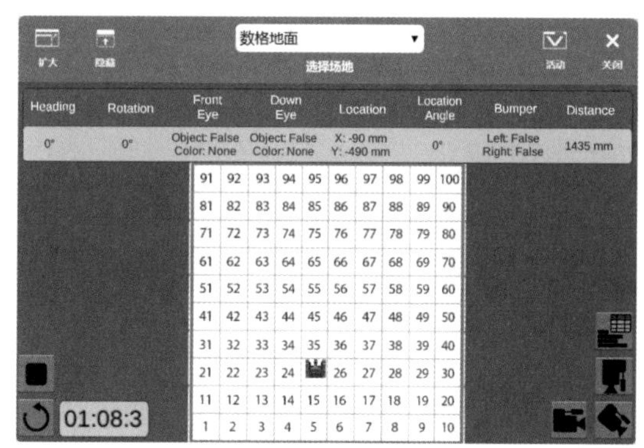

图3-91　实例26程序执行结果

实例27 虚拟机器人运动到25→78→42的位置，如图3-92所示。

【参考程序】参考程序如图3-93所示。

【执行程序】程序执行结果如图3-94所示。

91	92	93	94	95	96	97	98	99	100
81	82	83	84	85	86	87	88	89	90
71	72	73	74	75	76	77	78	79	80
61	62	63	64	65	66	67	68	69	70
51	52	53	54	55	56	57	58	59	60
41	42	43	44	45	46	47	48	49	50
31	32	33	34	35	36	37	38	39	40
21	22	23	24	25	26	27	28	29	30
11	12	13	14	15	16	17	18	19	20
	2	3	4	5	6	7	8	9	10

图3-92　实例27虚拟机器人运动路线

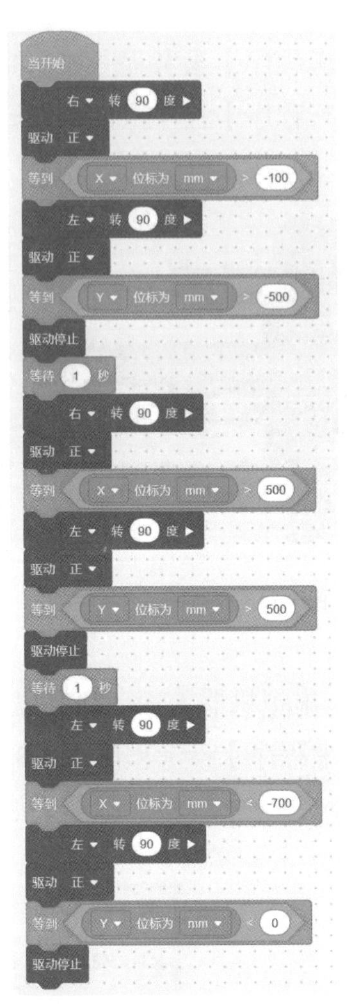

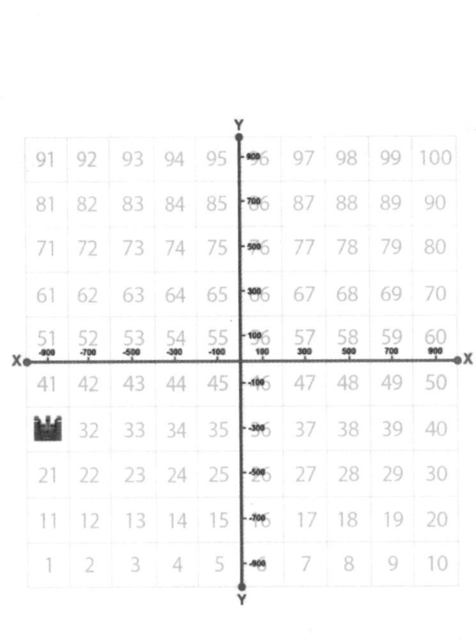

图3-93 实例27参考程序

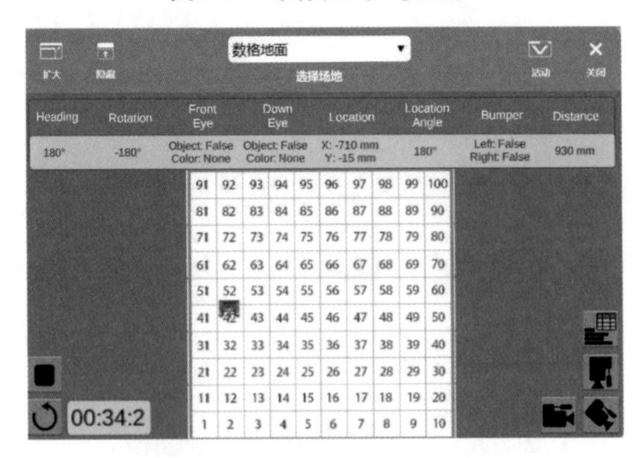

图3-94 实例27程序执行结果

3.14 超声波传感器

超声波传感器采用超声波测量距离，虚拟机器人上安装有超声波传感器，可准确测量机器人到障碍物或场地边缘的距离。可以发现前方物体，并可测量与物体的距离，如图3-95所示。

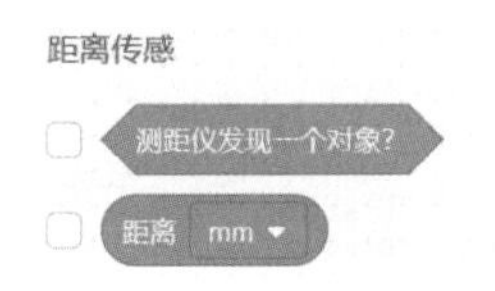

图3-95 超声波传感器

实例28 虚拟机器人前进800mm，收集宝贝，然后右转，超声波传感器检测到与目标的距离，则前进至目标。

【参考程序】参考程序如图3-96所示。

【执行程序】选择拯救珊瑚礁场地，执行程序如图3-97所示。

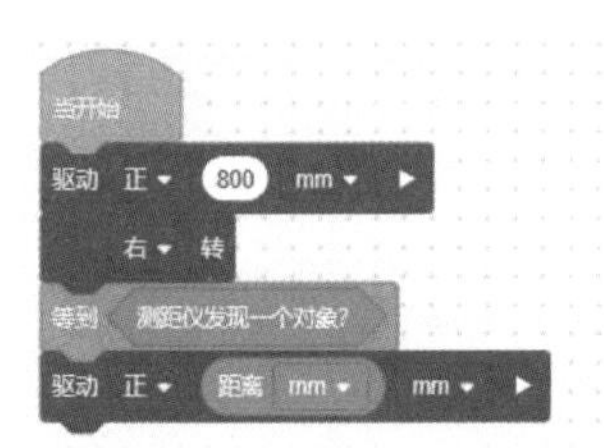

图3-96 实例28参考程序

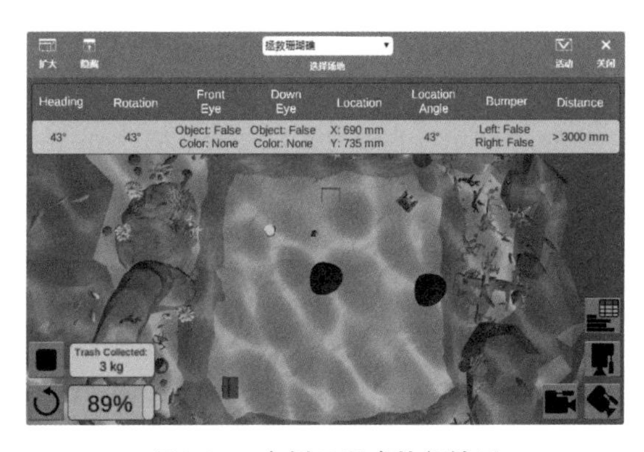

图3-97 实例28程序执行结果

实例29 虚拟机器人前进，实时显示机器人到上边沿的距离。

【参考程序】参考程序如图3-98所示。

【执行程序】选择网格地面，打开监控窗口，执行程序如图3-99所示。

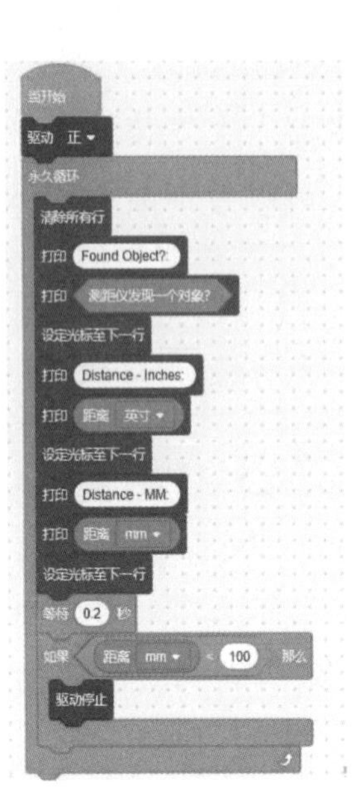

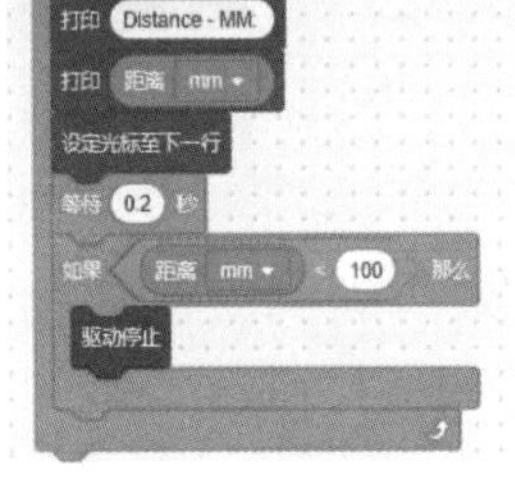

图3-98 实例29参考程序　　图3-99 实例29程序执行结果

实例30 选择多变围墙迷宫场地，虚拟机器人从基地出发到达目的地。

【编程思路】对于走迷宫问题，可以在机器人左侧、前部各放置一个超声波传感器。如果虚拟机器人只有前方超声波传感器，可以利用前方超声波传感器检测前方距离和左侧距离。在检测左侧距离时，先左转，检测前方距离，再右转复位。解决了用一个超声波传感器检测前方和左边距离的问题。走迷宫编程步骤如下：

① 如果左边无墙，则左转并前进250mm。

② 如果左边有墙，前方无墙，则前进250mm。

③ 如果左边有墙，前方有墙，则右转。

④ 重复以上3个步骤，即可以到达目的地。

⑤ 下方视觉传感器检测到红色目的地，则停止运动。

定义变量：d_Left保存左边距离，d_Forward保存前方距离。如果距离小于100mm，则认为有墙。每次前进250mm（一步的距离），这样可以保证遇到左边有口时，优先向左边前进。

【参考程序】参考程序如图3-100所示。

【执行程序】选择多变围墙迷宫场地，虚拟机器人从绿色基地出发，最终到达红色目的地，如图3-101所示。

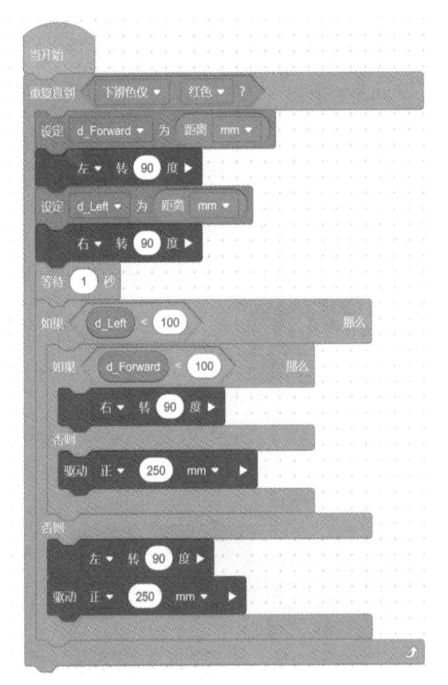

图3-100 实例30参考程序

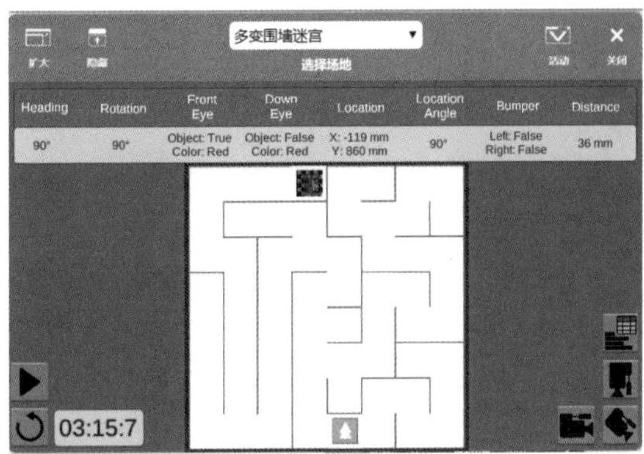

图3-101 实例30程序执行结果

3.15 辨色仪传感器

辨色仪传感器用于检测物体的颜色，能测量基本的颜色、色调、独立的红绿蓝等256色，并可测量环境光、灰度值。

虚拟机器人安装有2个辨色仪传感器，前辨色仪传感器安装在机器人的前方并面向前方，而下辨色仪传感器安装在机器人的下方并面向下方。辨色仪传感器相关指令块如图3-102所示。

① 辨色仪传感器检测虚拟机器人是否足够靠近物体以检测颜色。当辨色仪传感器靠近具有可检测颜色的对象时，“靠近对象的颜色”返回值为“真”。当辨色仪传感器与具有可检测颜色的对象的距离不够近时，“靠近对象的颜色”返回值为“假”。

② 是否检测到特定颜色。当辨色仪传感器检测到所选颜色时，辨色仪传感器返回值为“真”。当辨色仪传感器检测到与所选颜色不同的颜色时，辨色仪传感器返回值为“假”。

③ 检测对象的亮度值。白色物体的亮度为100%，黑色物体的亮度为0%。其他颜色将返回这之间的某个值。

图3-102　辨色仪传感器相关指令块

实例31　在磁碟迷宫场地上，虚拟机器人检测4个蓝色块。

【参考程序】参考程序如图3-103所示。

【执行程序】选择磁碟迷宫场地，执行程序，如图3-104所示。

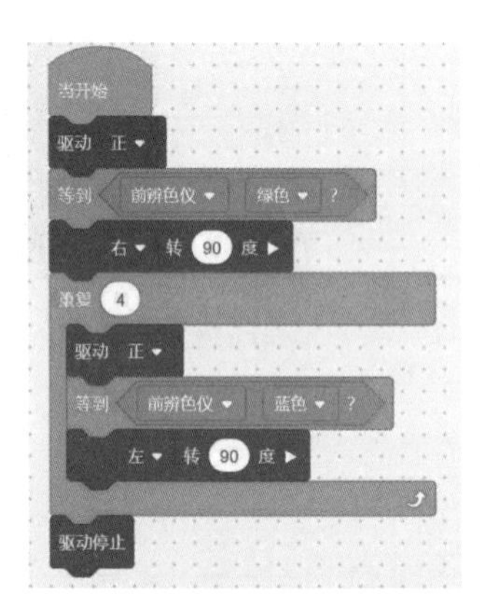

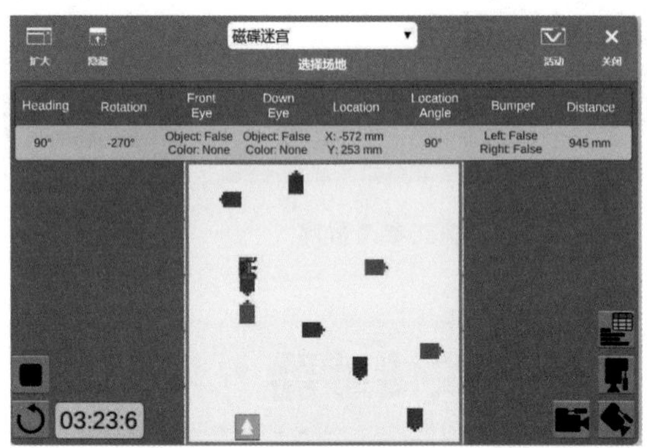

图3-103　实例31参考程序　　　图3-104　实例31程序执行结果

实例32　选择线段检测场地，检测红色线段有多少根？绿色线段有多少根？蓝色线段有多少根？并打印出来。

【编程思路】利用触碰传感器检测边缘，用下辨色仪传感器检测线段颜色。定义三个变量rednumber、bluenumber和greennumber保存线段根数。定义变量flag检测碰到边缘次数。变量flag用来控制走完所有的线段后跳出循环，继续执行显示线段数。

【参考程序】参考程序如图3-105所示。

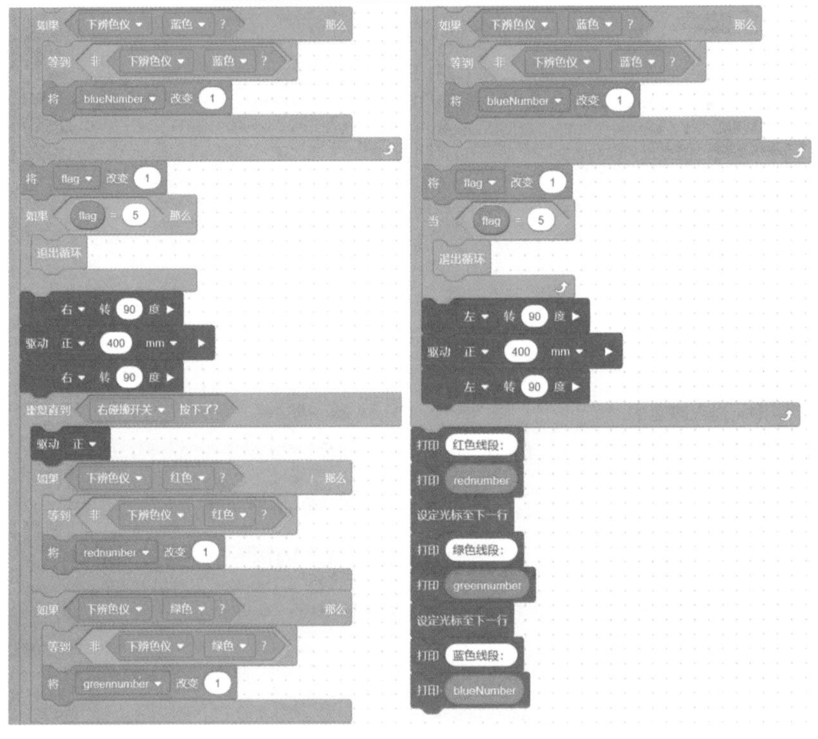

图3-105 实例32参考程序

【执行程序】选择线段检测场地，虚拟机器人往返通过线段，在运动过程中检测线段颜色并计数，最后显示结果如图3-106所示。

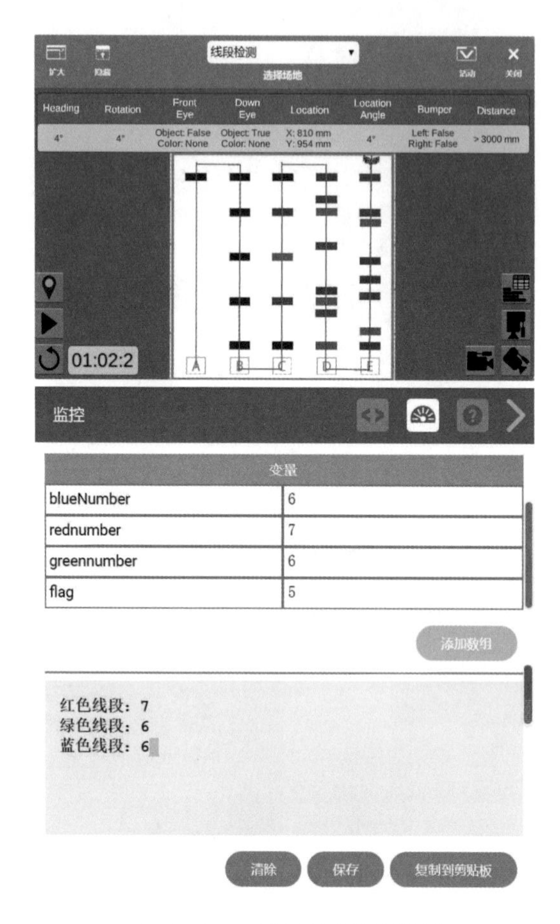

图3-106　实例32程序执行结果

实例33 将磁碟移动场地中的蓝色、红色和绿色的磁碟带回各自基地。

【编程思路】虚拟机器人前进，辨色仪传感器检测到接近上边缘，加磁，调头前进，吸上中间一个磁碟，当超声波传感器距离下边缘200mm时，释放磁，将磁碟放置在基地，然后倒退100mm，转90度，前进800mm，转到初始0位。继续拾取红色的磁碟，然后拾取绿色的磁碟。

【参考程序】参考程序如图3-107所示。

【执行程序】程序执行结果如图3-108所示。

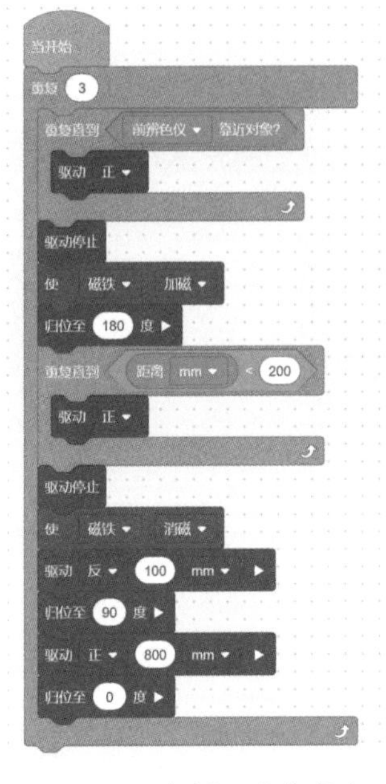

图3-107 实例33参考程序

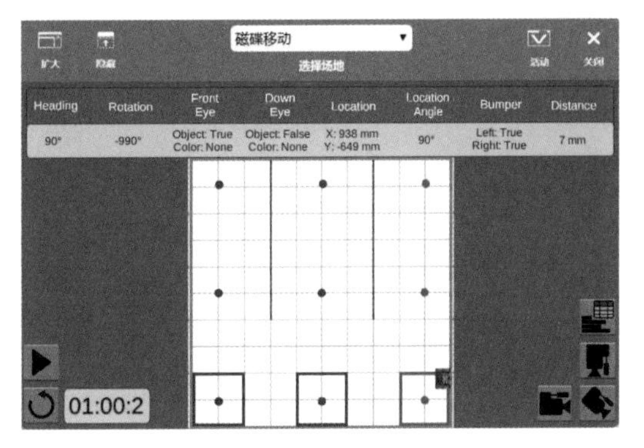

图3-108 实例33程序执行结果

3.16 画笔

图3-109 画笔相关指令块

画笔相关指令块如图3-109所示，其功能如下：

① 移动画笔向上、向下。

a. 向上，画笔不会在面板画线。

b. 向下，画笔将在面板上画一条有颜色的线。

② 设定画笔颜色：设定画笔颜色为红色、绿色、蓝色和黑色。

实例34 绘制一个5瓣花。

【参考程序】参考程序如图3-110所示。

【执行程序】选择画布，绘制花朵，如图3-111所示。

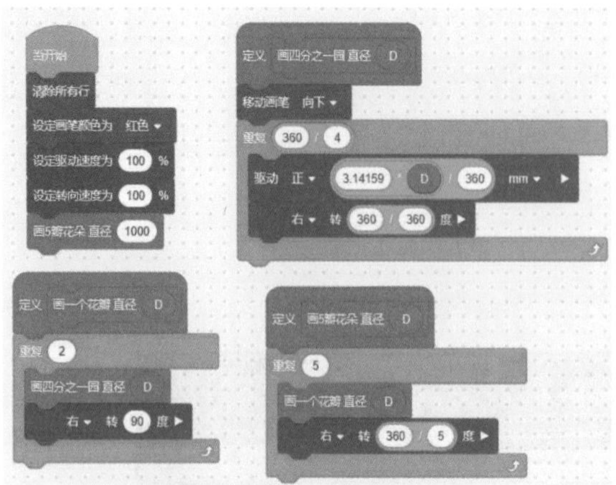

图3-110　实例34参考程序

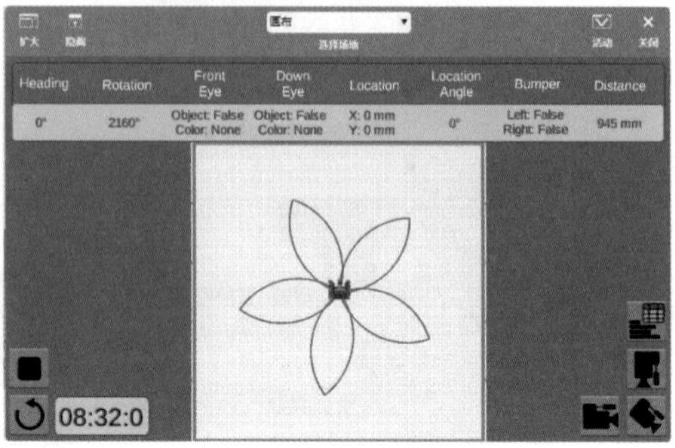

图3-111　实例34程序执行结果

实例35 绘制变异方形螺旋线。

【参考程序】参考程序如图3-112所示。

【执行程序】选择画布，执行程序，如图3-113所示。

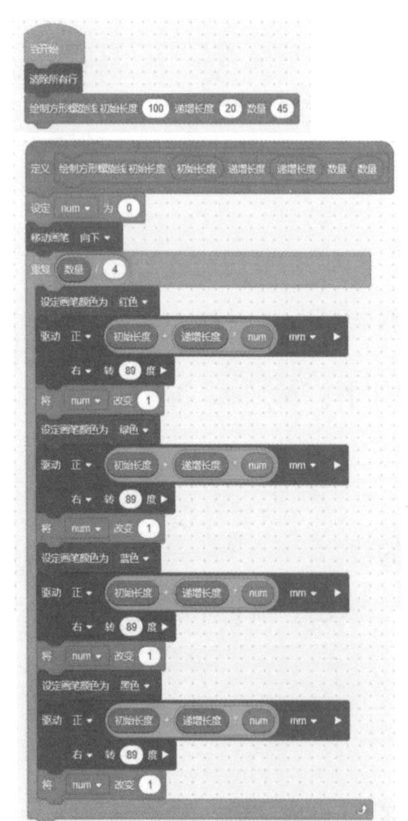

图3-112　实例35参考程序

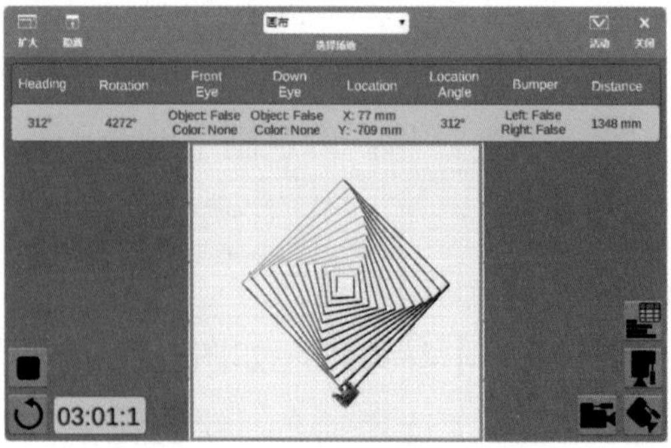

图3-113　实例35程序执行结果

实例36 追踪图形，等腰直角三角形边长为500mm，斜边长500$\sqrt{2}$mm。

【参考程序】参考程序如图3-114所示。

【执行程序】选择形状追踪场地，程序执行结果如图3-115所示。

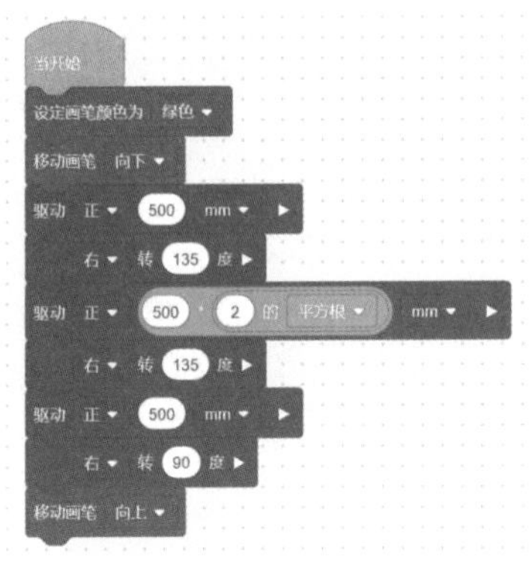

图3-114 实例36参考程序

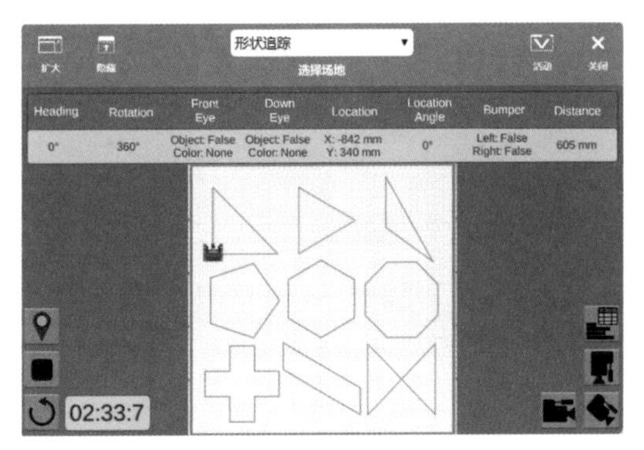

图3-115 实例36程序执行结果

3.17 磁铁指令块

磁铁指令块如图3-116所示。使用磁铁可以携带物体和卸载物体。利用磁铁完成拾取物体的挑战任务。

图3-116 磁铁指令块

实例37 拾取一个方块到基地。

【参考程序】参考程序如图3-117所示。

【执行程序】选择磁碟移动场地，执行程序，如图3-118所示。

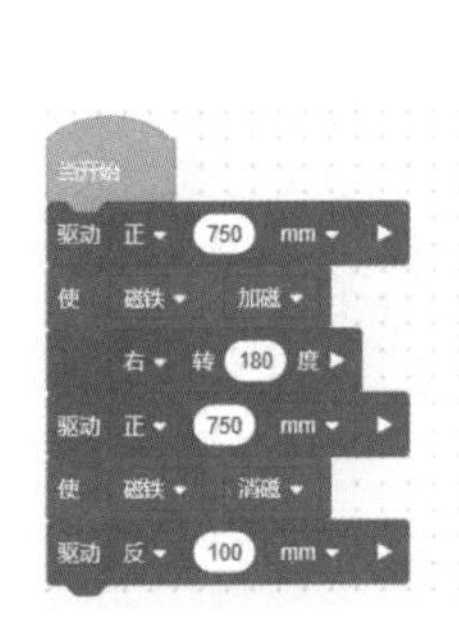

图3-117 实例37参考程序

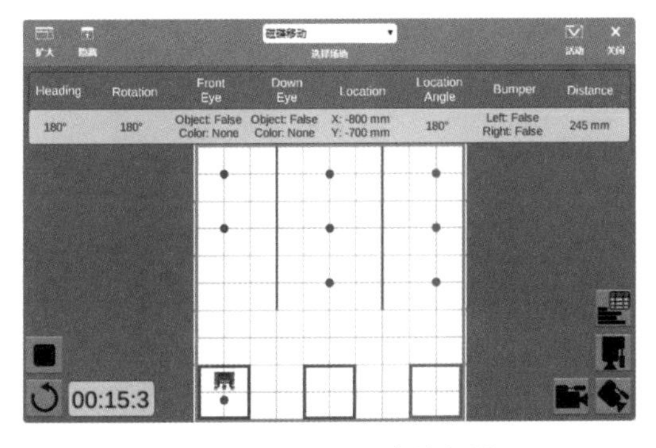

图3-118 实例37程序执行结果

实例38 拾取9个颜色方块分别到各自基地。

【参考程序】参考程序如图3-119所示。

【执行程序】程序执行结果如图3-130所示。

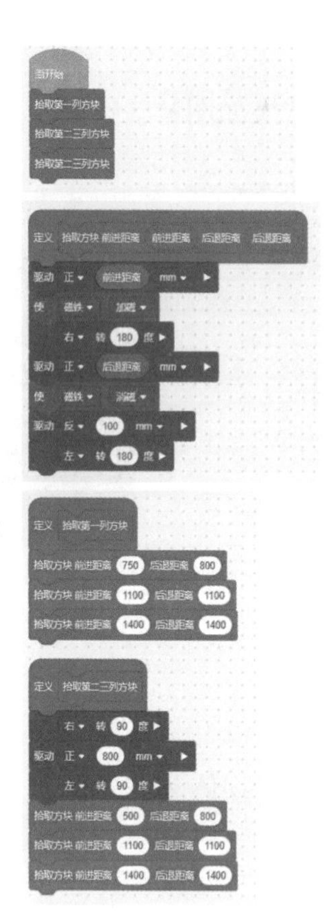

图3-119　实例38参考程序

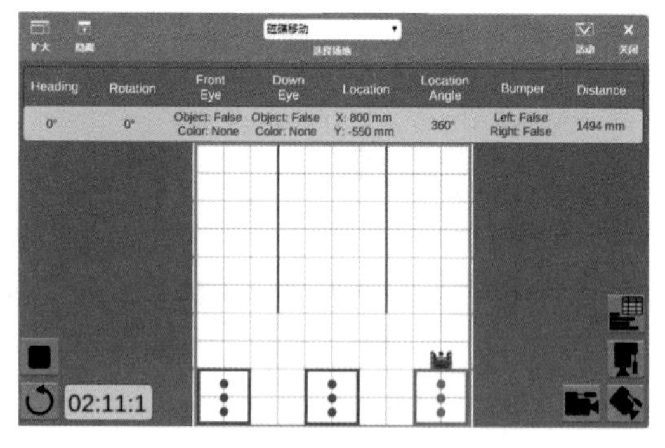

图3-120　实例38程序执行结果

实例39　拾取一个绿色圆点到绿色方框基地。

【参考程序】参考程序如图3-121所示。

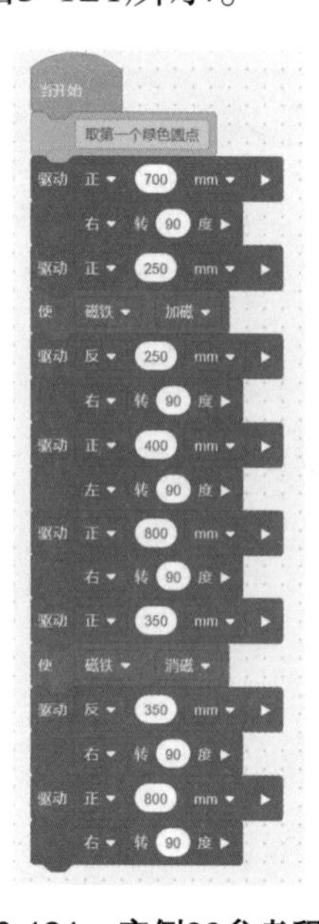

图3-121　实例39参考程序

【执行程序】选择磁碟运输场地，将绿色圆点运到绿色方框内。程序执行结果如图3-122所示。

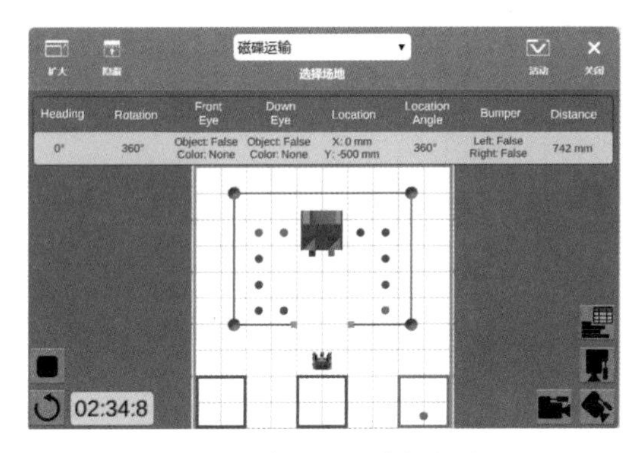

图3-122 实例39程序执行结果

3.18 游戏

选择拯救珊瑚礁场地，利用各种传感器完成设定的游戏。

实例40 辨色仪传感器检测到蓝色边缘，后退100mm，右转90度到180度之间的随机度数。

【参考程序】参考程序如图3-123所示。

【执行程序】选择拯救珊瑚礁场地，执行程序，如图3-124所示。

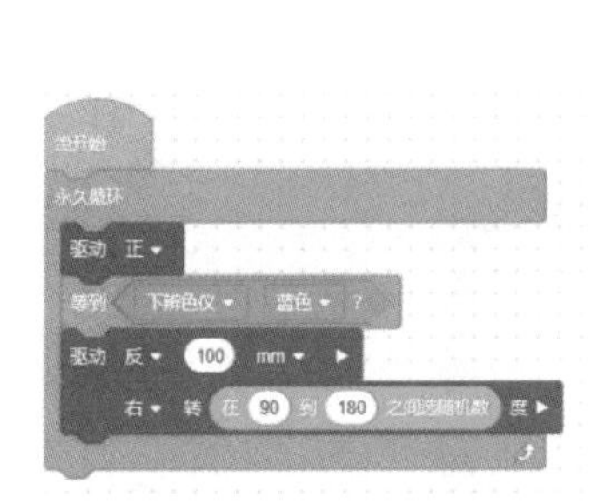

图3-123 实例40参考程序

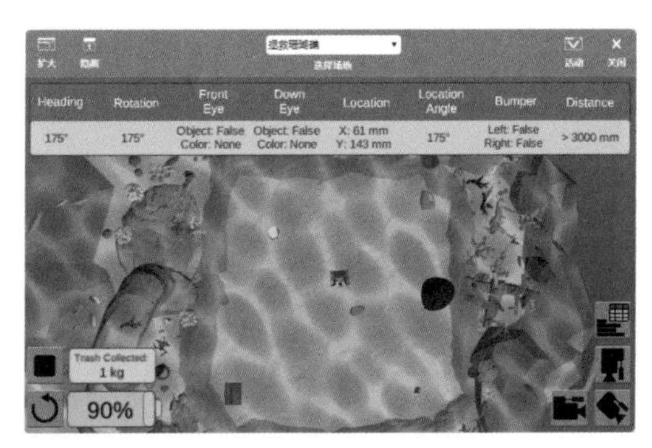

图3-124 实例40程序执行结果

实例41 选择磁碟迷宫游戏场地，添加必要的指令块，使虚拟机器人从初始位置走完磁碟迷宫。

① 虚拟机器人应该在到达终点（红色圆盘）后返回到起始位置，并且永远

循环地在磁盘迷宫中行走。

② 虚拟机器人应该能检测到所有四种颜色（绿色、蓝色、红色和无色）。

③ 启动项目以测试它是否工作。如果项目不成功，编辑并重试。继续修改和运行这个项目，直到虚拟机器人成功地在磁碟迷宫场地行走，直到永远。

【参考程序】参考程序如图3-125所示。

【执行程序】程序执行结果如图3-126所示。

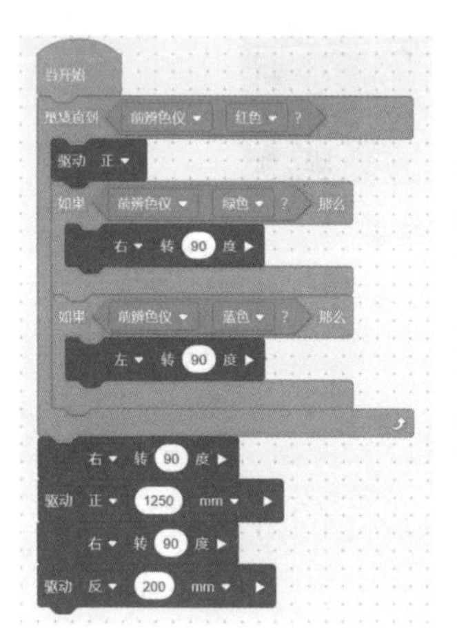

图3-125 实例41参考程序

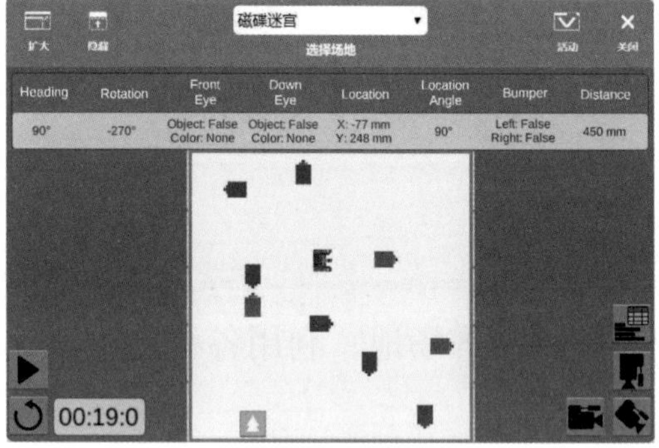

图3-126 实例41程序执行结果

实例42 在多变捣毁城堡场地中捣毁所有的城堡。

【编程思路】用超声波传感器检测前方城堡，发现城堡，前进捣毁城堡，并推出场外。利用辨色仪传感器检测红色边缘，到达边缘后将摧毁的城堡推出场外，继续前进50mm，然后后退350mm，右转继续检测前方是否有城堡，如图3-127所示。

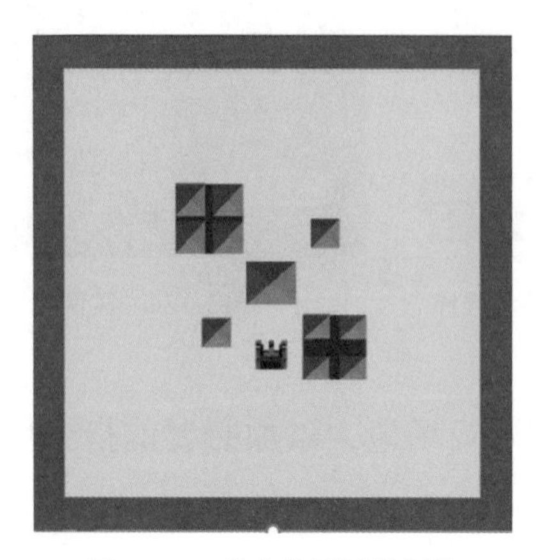

图3-127 多变捣毁城堡场地

【参考程序】参考程序如图3-128所示。

【执行程序】程序执行结果如图3-129所示。

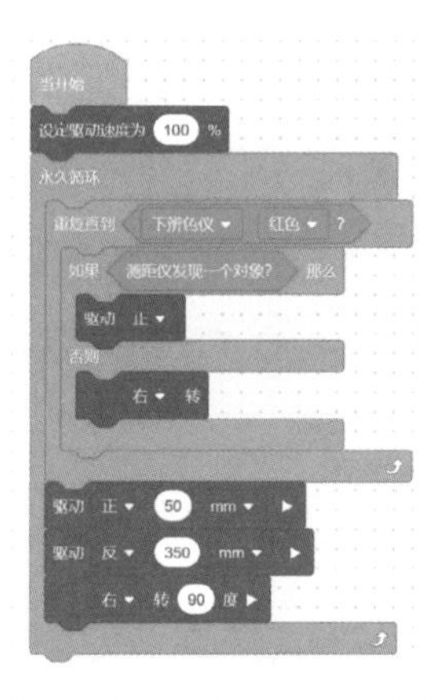

图3-128 实例42参考程序

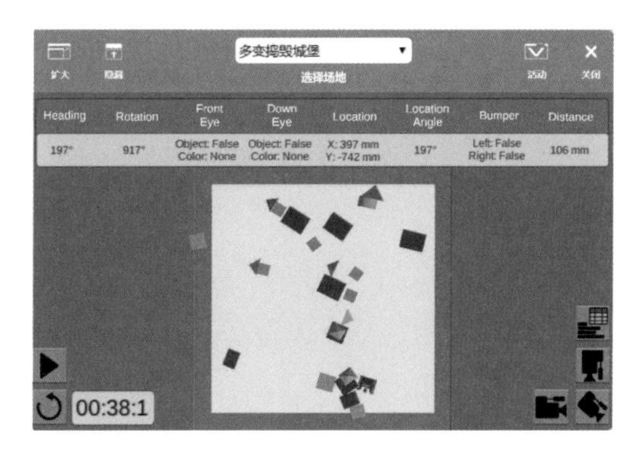

图3-129 实例42程序执行结果